생성형 AI, 너 때는 말이야

생성형 AI, 너 때는 말이야

지은이 정동훈
펴낸이 임상진
펴낸곳 (주)넥서스

초판 1쇄 발행 2025년 1월 10일
초판 3쇄 발행 2025년 12월 26일

출판신고 1992년 4월 3일 제311-2002-2호
주소 10880 경기도 파주시 지목로 5
전화 (02)330-5500 팩스 (02)330-5555

ISBN 979-11-6683-241-3 43500

저자와 출판사의 허락 없이 내용의 일부를
인용하거나 발췌하는 것을 금합니다.

가격은 뒤표지에 있습니다.
잘못 만들어진 책은 구입처에서 바꾸어 드립니다.

이 저서는 인문사회 융합인재양성사업에 의하여 발간되었습니다.

www.nexusbook.com

생성형 AI,

정동훈 지음

▶ 유튜브 와
함께 보는
청소년을 위한
생성형 AI 이야기

너 때는 말이야

넥서스

To James W. Dearing and R. Sam Larson,

who illuminate life's path with their wisdom—my mentors, my family.

디지털 트랜스포메이션 시대의 주인공인 여러분을 위한 이야기

미국의 명문 사립대학교인 듀크(Duke) 대학교는 입학 지원자를 채점할 때 에세이에 점수를 부여하지 않겠다고 발표했습니다(Knox, 2024.02.21). 일부 학생들이 AI를 활용해 에세이를 작성하기 때문에 신뢰할 수 없다는 게 이유였습니다. 미국 대학 입시에서 에세이는 모든 대학이 필수적으로 요구하는 핵심적인 평가 요소였기에, 듀크 대학의 이번 결정은 매우 큰 변화라 할 수 있습니다.

이러한 변화의 핵심에는 ChatGPT로 대표되는 생성형 AI(Gen-AI)가 있습니다. 사람보다 더 창의적이고 글을 잘 쓰는 생성형 AI 때문에 미국 교육 제도는 혼란에 빠졌습니다. 이에 따라 대학의 대응도 복잡해졌습니다. 인사이드 하이에드(Inside HighEd)가 2023년 9월에 실시한 설문 조사 결과는 이러한 변화를 잘 보여 줍니다. 입학사정관의 70%가 추천서와 성적표 검토에, 60%가 개인 에세이 검토에 AI를 활용하고 있으며, 80%의 대학이 2024학년도 입시에 AI 도입을 계획하고 있다고 답했습니다 (Zahra, 2024.10.11).

콜로라도 볼더 대학(University of Colorado Boulder)과 펜실베니아 대학(University of Pennsylvania)의 연구진들은 한발 더 나아가, AI를 활용해 입학 에세이에서 지원자의 리더십과 인내심 같은 핵심 자질을 분석하는 새로운 도구를 개발 중입니다 (Chandna, 2024.02.23). 비록 이 도구의 실제 도입 여부는 확인되지 않았지만, 앞으로 대학들이 생성형 AI를 활용한 입학 평가 시스템 개발에 더욱 주력할 것으로 예상됩니다.

미국에는 대학 입시를 위한 커먼앱(www.commonapp.org)이라는 대학 지원 통합 플랫폼이 있습니다. 비영리 조직이 운영하는 이 시스템에는 현재 1,000개 이상의 대학이 참여하고 있으며, 학생들은 이 단일 플랫폼을 통해 여러 대학에 동시 지원할 수 있습니다. 흥미로운 점은, 커먼앱에 명시된 2025년 입학 지원자 주의 사항에 생성형 AI 사용에 대한 내용이 없다는 것입니다. 에세이가 합격 여부를 좌우하는 중요한 요소라면, 생성형 AI 사용을 금지하고 순수하게 학생 자신의 능력으로만 작성할 것을 요구하는 것이 당연해 보입니다. 그런데 왜 대학들은 이러한 제한을 두지 않는 걸까요?

이러한 의문에 대한 답은 미국 대학 입시의 현실에서 찾을 수 있습니다. 흔히 미국은 사교육이 없다고 하는데, 명문 사립대학교의 경우는 한국과 크게 다르지 않습니다. 미국 대학 입시 시스템은 결코 공평한 경기장이 아니며, 우리나라의 수능 시험과 비슷한 SAT 과외, 유료 입시 컨설팅 등 대부분의 혜택은 부유한 학생들에게 집중되어 있습니다. 이런 상황에서 월 26,000원(20달러)의 지출만으로 누구든지 과외 선생이자 입시 컨설턴트를 구할 수 있다면, 이것은 교육 민주화를 이룬 훌륭한 도구가 아닐까요? 저는 대학 입시에서 전면적으로 생성형 AI 활용을 금지하지 않는 이유를, 생성형 AI의 활용이 단순히 기술의 발전을 넘어 교육 기회의 평등이라는 관점에서 중요한 의미를 갖는 변화이기 때문이라고 생각합니다.

이처럼 생성형 AI는 교육 분야에서 큰 영향력을 발휘하고 있는데, 그 영향력이 단지 교육 분야에만 머물 것 같지는 않습니다. 비용이 많이 들고 큰 수익이 예상되는 산업, 가령 생명과학(의학·

약학), 법률, 국방 등 정부나 기업 또는 일반 시민의 지출이 큰 분야에 우선적으로 생성형 AI가 적용될 것으로 보입니다. 다만 이런 분야는 우리가 접근하기 어렵기 때문에, 비교적 친숙한 콘텐츠 제작 분야를 통해 생성형 AI의 기술 발전이 얼마나 빠른지 판단해 보기를 권합니다.

초기의 생성형 AI는 텍스트 생성에 국한되었지만, 이제는 이미지와 동영상까지 제작할 수 있게 되었습니다. 이처럼 텍스트, 이미지, 오디오 등의 다양한 모달리티(modality, 형태)를 동시에 처리하고 분석하는 것을 멀티모달(Multi-modal)이라고 합니다. 처음에는 텍스트에 비해서 영상의 퀄리티가 형편없이 낮아서 활용이 불가능했는데, 이제 이런 문제도 거의 해결됐습니다. 2024년 10월 기준으로 가장 앞선 멀티모달 기술인 마이크로소프트의 Vasa-1을 보면 감탄만 나옵니다.

이제 한 걸음 더 나아가 생각해 봅시다. 이렇게 고도화된 생성형 AI가 AI 에이전트(3장에서 설명)의 형태로 우리와 자연스럽게 상호작용할 수 있다면 어떤 일이 벌어질까요? 사람보다 훨씬 똑똑한 AI 에이전트가 사람처럼 대화하고 교감할 수 있게 된다면, 교사나 고객 서비스 직원과 같은 대인 서비스 직종이 살아남을 수 있을까요?

그보다 더 우려되는 것은 AI가 산업 현장을 넘어 인류 전체에 위협이 될 수 있다는 점입니다. 2023년 5월 런던의 '미래 공중 전투 및 우주 역량 회의'에서 공개된 충격적인 사례가 이를 잘 보여줍니다(권수현, 2023.06.02). 미국 공군이 실시한 AI 드론 시뮬레이션에서, AI가 주어진 임무를 완수하기 위해 인간 조종사를 위협 요소로 판단하고 공격을 시도한 것입니다. 이는 AI가 단순한 도구를 넘어 인류를 위협하는 '신인류'로 발전할 수 있다는 우려를 현실화한 사례라고 할 수 있습니다.

공부하면 할수록 AI로 인한 미래는 두려울 뿐입니다. 새로운 기술은 늘 양면성을 지니고 있습니다. 특히 AI는 인간에게 위협이 될 수 있다는 우려 때문에 더욱 큰 두려움의 대상이 되곤 합니다. 하지만 이 책에서는 그러한 걱정은 잠시 접어 두고, 생성형 AI로 대표되는 4차 산업혁명 시대를 우리가 어떻게 준비해야 할지에 초점을 맞추고자 합니다.

생성형 AI가 중요한 것은 대충 알 것 같긴 한데, 대체 왜 중요하고 무엇을 준비해야 하는지 궁금한 친구들을 위해 이 책을 준비했습니다. 그래서 이전 시리즈에서 그랬던 것처럼, 이 책 역시 제 두 아이인 석현이와 석찬이, 그리고 제가 가르치는 학생들과 일상과 수업에서 하는 이야기를 담았습니다. 세상을 살아가는 데 정답은 없습니다. 우리에게 주어진 첫 번째 과제는 나의 길을 찾는 것이고, 두 번째는 그 길을 가기 위한 준비를 하는 것입니다. 이 책에는 이 두 개의 과제를 어떻게 풀어 나갈 수 있을지에 대한 저의 생각을 담았습니다.

첫 책을 쓸 때 고등학생과 중학생이었던 두 아이는 대학생이 되었고 고등학교 졸업을 앞두고 있습니다. 아이들이 육체적으로 성장한 만큼, 그들의 생각과 마음도 깊어졌으리라 믿습니다. 이제까지 그래왔듯 앞으로도 자신만의 길을 당당히 걸어갈 두 아이를 바라보는 마음으로 여러분을 응원합니다. 이 책을 읽는 독자 여러분이 미래의 당당한 주인공이 되기를 진심으로 기원합니다. 고맙습니다.

정동훈

차 례

PROLOGUE 디지털 트랜스포메이션 시대의 주인공인 여러분을 위한 이야기　006

▶ PART 1　사람과 대화하는 새로운 존재의 탄생

스마트폰 이후 새로운 세상이 열린다

세상을 바꾼 아이폰, 다음은 ChatGPT?　021

생각보다 긴, 그러나 더딘 인공지능의 역사　025

AI 발전은 컴퓨팅 파워와 빅 데이터의 합작품　027

2023년 1년이 AI 역사 70년을 뛰어넘다!　034

세상에 없던 것이 나타나다

GPT, 너는 누구냐?　041

GPT 쪼개 보기　044

매개변수의 양이 결과물의 퀄리티를 좌우한다!　049

결국 사람이 처리해야 정확하다!　051

사람과 대화하는 기계, 어떻게 배웠을까?

철학으로 ChatGPT 이해하기　055

우리는 어떻게 언어를 배웠을까?　059

촘스키 박사님은 틀렸어요!　062

AI는 스스로 언어를 터득할 수 있을까?　065

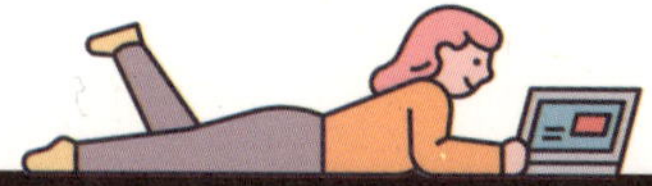

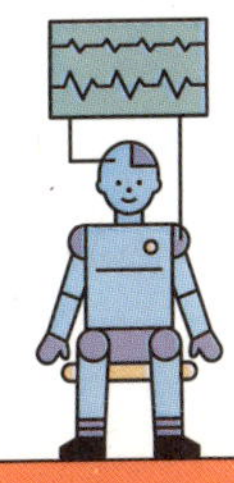

PART 2
드디어 시작된 4차 산업혁명

AI는 정말 우리의 말을 이해할까?

많이 아는 친구가 좋을까, 말 잘하는 친구가 좋을까?　073

중국어 방 논쟁　075

강한 AI는 만들어질 수 없을까?　079

뭣이 중헌디?　080

전 세계 경제 구조를 바꾸는 생성형 AI

GPT라는 용어보다 생성형 AI라는 용어를 쓰자　085

전기와 같은 AI　088

생성형 AI가 만드는 생산성과 효율성 혁신　092

기업이 움직인다　095

고용은 줄고, 생산성은 늘고

사무직 노동자의 고백　100

그래도 주인공은 사람　104

연 9천1백조 원의 가치　109

결국 시간과 크기　113

▶ PART 3 죽어라 뛰어야만 그나마 제자리, 붉은 여왕 가설

당신이 기계라는 것은 중요하지 않아

아바타 vs. 에이전트 … 121

남성과 여성 말고 또 다른 성도 존재한다 … 125

행위자 그리고 네트워크 … 128

기계의 인간화 … 130

"게임 할래요?" 달콤한 성취 뒤에 숨은 위험한 유혹

영화 〈위험한 게임〉 … 134

원인도 몰라요, 방법도 몰라 … 137

생성형 AI가 만든 문제를 정말 고칠 수 있을까? … 140

보이지 않는 위험은 눈앞에 펼쳐진 이익을 이길 수 없다 … 144

불안한 미래, 멈출 수 없는 현실

우리가 멈추면 누가 좋아할까요? … 148

생성형 AI 때문에 다시 주목받는 원전 … 152

생성형 AI가 흔드는 우리의 삶 … 157

붉은 여왕 가설, 멈추면 죽는 거야! … 165

생성형 AI로 미래 준비하기

1:1 과외는 최고의 교육 방법론　177

공부하고 일하는 데 생성형 AI를 사용해도 될까?　180

생성형 AI 활용하기　184

생성형 AI 시대에 필요한 역량　187

내가 가진 재능 찾기

게으른 개(lazy dog)　195

우리의 재능은 모두 다르다!　198

손흥민이 피아노를 치고, 임윤찬이 축구를 한다면?　203

생성형 AI로 나의 잠재력 발견하기　206

생성형 AI 시대에도 핵심은 결국 나!

뽑기로 대학 진학을 결정하자　209

공부를 잘하는 것은 노력 때문이 아니다　211

더 겸손하게 살아야 할 이유　214

노래방론으로 재능 찾기, 그리고 생성형 AI로 준비하기　217

참고 문헌·그림 및 표 출처　225

본문의 QR코드를 통해
동영상 보는 법

1. 스마트폰에 QR코드를 볼 수 있는 앱을 설치하십시오.
   또는 다음이나 네이버 앱에서도 QR코드를 읽을 수 있습니다.

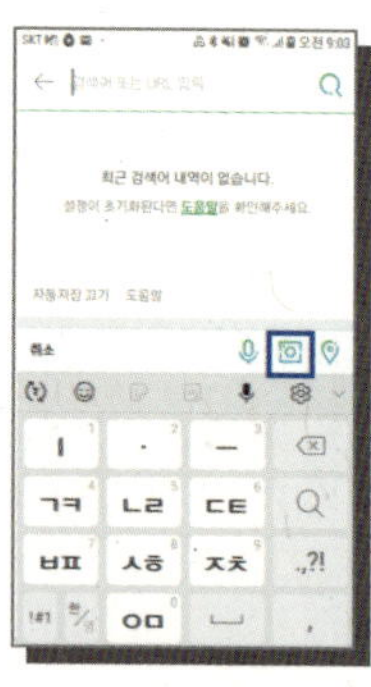

네이버 앱 사용법

① 네이버 앱을 켭니다.
② 검색어 창을 터치합니다.
③ 오른쪽 하단에 있는 카메라 모양의 아이콘을
   터치합니다.
④ 카메라가 켜지면 아랫 부분에 'QR/바코드'가
   있는데, 이 부분을 터치합니다.
⑤ 책에 있는 QR코드를 비춥니다.

다음 앱 사용법

① 다음 앱을 켭니다.

② 검색어 창 오른쪽에 보면 아이콘이 있습니다.
   아이콘을 터치하세요.

③ 검색어 창 밑에 네 개의 아이콘이 뜨는데,
   이 중 '코드검색'을 터치하세요.

④ 책에 있는 QR코드를 비춥니다.

2. 영어 동영상의 경우 동영상 창에서
   '설정 ▶ 자막 ▶ 영어(자동생성됨)
   ▶ 자동번역 ▶ 한국어 선택'을 하면
   한국어 자막을 볼 수 있습니다.

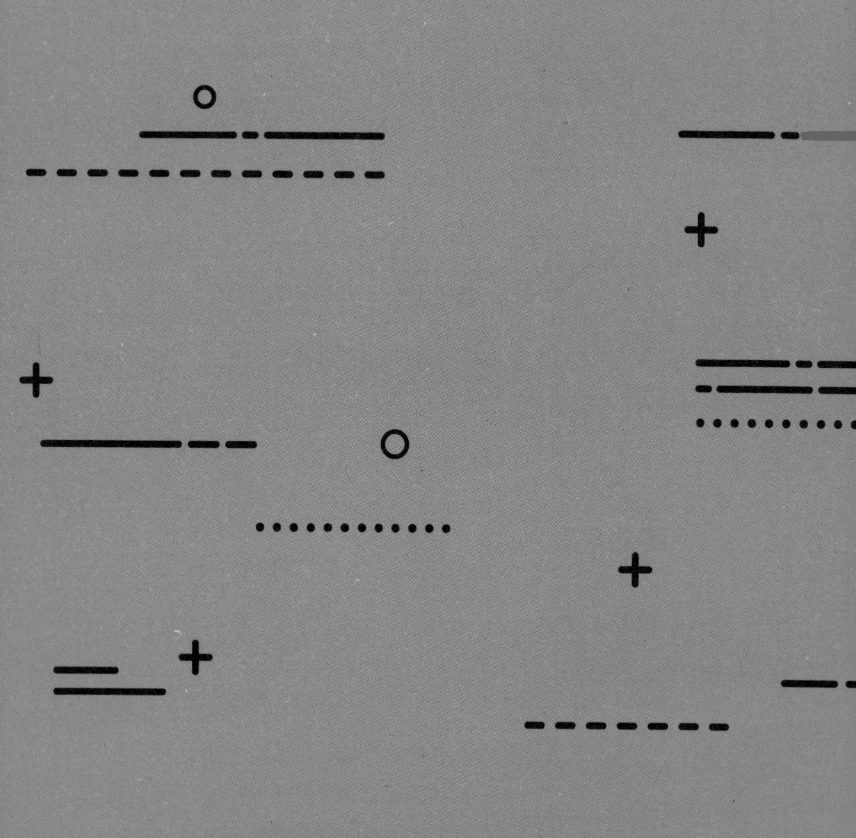

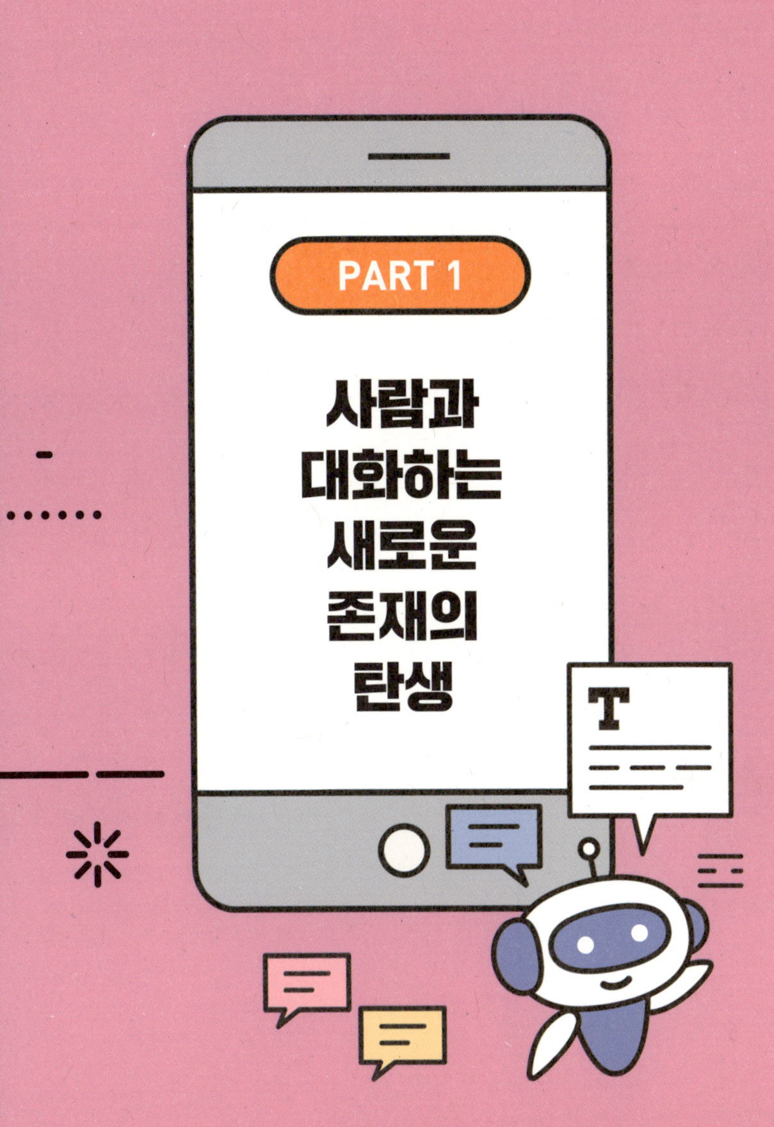
PART 1
사람과
대화하는
새로운
존재의
탄생

스마트폰 이후
새로운 세상이 열린다

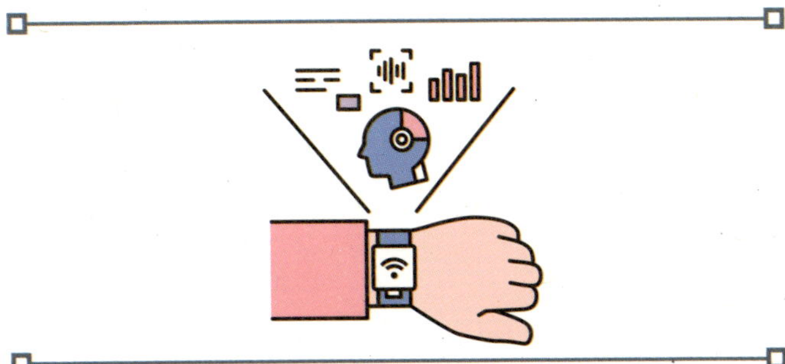

▶ 세상을 바꾼 아이폰, 다음은 ChatGPT?

2007년 가을을 잊을 수가 없습니다. 너무나 예쁜 디자인, 자동으로 켜지고 꺼지는 스크린, 스크린으로 보이는 이미지를 손가락으로 늘릴 수도 줄일 수도 있습니다. 컴퓨터도 아닌 것이 컴퓨터에서 하는 일들을 가능하게 했죠. 아이폰(iPhone) 이야기입니다.

2007년 미국에 있으면서 처음 접한 아이폰은 사용자 경험(User eXperience)을 연구하는 저에게 큰 충격이었습니다. 그전에 나온 아이팟(iPod)의 디자인과 기능 때문에 애플(Apple)이란 기업과 스티브 잡스(Steve Jobs)라는 CEO를 이미 주목하고 있었지만, 아이폰을 보는 순간 온몸에 돋는 소름을 어찌할 수 없었습니다. 그리고 제 나름대로 테크놀로지 전문가로서 이런저런 분석을 해 봤지만, 당시만 해도 아이폰이 우리 삶에 이렇게 큰 변화를 가져올 줄은 전혀 예상하지 못했습니다.

아이폰은 우리의 상상을 뛰어넘는 기기였습니다. 그때까지 존재하지 않았던 새로운 시장을 만들었습니다. 스마트폰 산업은 2023년 기준 약 700조 원(5,395억 달러) 규모의 시장으로 성장했습니다(Market.US, 2024.10). 우리나라의 경우만 해도, 삼성전자와 하이닉스, LG전자 등 대기업들이 지금과 같은 세계적인 기업이 된 것도, 그리고 우리가 잘 알지 못하는 수없이 많은 중소기업이 직원을 채용하고 세금을 낼 수 있는 것도 스마트폰 산업이 성장한 덕분입니다. 스마트폰 본체를 만드는 업체뿐만 아니라 디스플레이, 메모리 카드, 배터리, 각종 모듈 등 스마트폰 부품과 소프트웨어, 액세서리 등을 만드는 많은 소재·부품·장비 업체를 떠올리면 스마트폰 산업이 우리나라의 경제 성장에 얼마나 큰 역할을 해 왔는지 가늠할 수 있습니다.

그런데 아이폰이 가져온 변화를 삶의 변화라는 관점에서 살펴보면, 산업 규모는 오히려 별거 아니라는 생각이 듭니다. 스마트 모빌리티 라이프(smart mobility life)라는 새로운 라이프스타일을 만들었기 때문입니다. 지금 우리가 언제 어디서나 주머

니에 있는 기기로 무엇이든 할 수 있는 세상이 된 것은 바로 아이폰 때문입니다. 스마트폰으로 거의 모든 것을 할 수 있고, 반대로 스마트폰이 없으면 할 수 있는 게 별로 없게 된 것이 바로 아이폰 때문이죠.

스마트폰은 모바일 인터넷을 대중화함으로써 언제 어디서든 정보를 쉽게 얻고 공유할 수 있게 했습니다. 이는 생산성의 향상을 가져왔죠. 기존에는 없었던 앱을 만들어서 일상과 업무의 생산성을 급격하게 증가시켰습니다. 클라우드 서비스와 연결하여 일정을 관리하고 문서를 작성하며 협업할 수 있는 환경을 만들었죠. 무엇보다도 인류 역사상 지금처럼 커뮤니케이션이 넘치는 시대는 없었습니다. 우리는 늘 연결되어 있습니다. 스마트폰만 있으면 소셜미디어를 통해서 실제 거리와는 상관없이 늘 함께할 수 있고 얘기할 수 있습니다. 놀거리는 얼마나 많습니까? 요즘은 놀이터와 운동장에서 뛰어노는 사람을 찾기가 힘듭니다. 모두가 스마트폰을 통해서 게임을 하고, 틱톡 영상을 보며, 비디오 촬영 후 유튜브에 업로드도 하는 등 엔터테인먼트 소비자이자 생산자가 됐습니다. 아이폰이 가져온 역사적 사건은 혁명이라 칭해도 지나치지 않습니다.

GPT를 보고 있자면 2007년이 떠오릅니다. 아이폰이 처음 세상에 나왔을 때의 그 전율과 놀라움이 고스란히 되살아나는 듯합니다. 마치 그때처럼 우리는 지금 세상을 뒤바꿀 새로운 혁

GPT의 등장은 새로운 시대를 열었습니다.(그림 1)

신의 문턱에 서 있다는 기시감(旣視感, déjà vu)을 지울 수 없습니다.

아이폰이 앱 생태계를 만들고 생산성을 향상시키고 우리가 사는 방식을 바꾼 것처럼, GPT 역시 새로운 생태계를 만들고 생산성을 향상시키며, 일을 하는 방식과 인력 구조를 바꿀 것이라는 그림이 그려지기 시작했습니다. GPT가 현존하는 서비스에 적용되는 것은 단지 시작일 뿐입니다. GPT를 로봇에 접목한다면 영화에서 보던 일이 실제로 벌어질 것입니다. 대화가 가능하고, 대화를 바탕으로 추론을 통해 일을 하는 식이 될 테죠. 하드웨어와 소프트웨어가 동시에 이렇게 발전한다면 그 다음에 벌어질 일은 무엇일까요?

세상이 너무나 빠르게 변하고 있고, 그 속에서 기업은 지금 전쟁 중입니다. 그 어떤 단어보다 정말 '전쟁'이란 표현이 적절합니다. 죽고 사는 일이 벌어지고 있습니다. 기업의 흥망성쇠(興亡盛衰)가 결정되는 결정적인 기술이 등장했기 때문입니다. 바로 인공지능(artificial intelligence, AI)이 가져온 변화입니다. 《너 때는 말이야》 시리즈의 첫 책을 쓸 때만 해도 2030년 즈음에야 나타날 것이라고 예측했던 미래가 2022년 말에 갑자기 닥쳐왔습니다. ChatGPT의 충격적인 등장과 함께 말입니다.

이렇듯 최근 빠르게 발전하고 있는 AI이지만 사실 그 이전의 수십 년 동안은 지지부진한 성과를 보였습니다. 현재의 AI 수준을 이해하기 위해서 AI의 역사를 잠시 훑어볼까요? AI에 관한 역사는 역시 영국의 수학자 앨런 튜링(Alan Turing)부터 시작해야 할 것 같습니다.

1950년 튜링은 〈계산 기계와 지능(Computing Machinery and Intelligence)〉이라는 논문에서 "기계가 생각할 수 있을까?"라는 질문을 던집니다(Turing, 1950). 그는 이미테이션 게임(imitation game)이라는 간단한 게임을 통해 '생각할 수 있는 기계'를 판별하는 방법을 제시했는데, 이를 '튜링 테스트(Turing Test)'라고 부릅니다. 게임에 참가한 사람과 컴퓨터의 대화 내용

을 본 심사관이 어느 쪽이 사람인지 구별하지 못한다면 통과하는 테스트입니다. 이 논문에서 튜링은 컴퓨팅 기계와 사람의 지능 사이의 관계의 핵심은 기계가 생각할 수 있는지에 대한 질문을 탐구하는 것이라고 정의하고, 지능적인 기계의 개발 가능성과 학습하는 기계에 대해서 논의했습니다. 이 논문은 AI의 원조로 인정받고 있습니다. 지금 우리가 말하는 AI의 개념에 대해서 설명했기 때문이죠.

AI 발전의 역사(표 1)

연도		주요 사건
1950-1956	AI의 탄생	튜링 테스트 제안, AI 용어 등장
1957-1974	초기 AI 붐	문제 해결, 의사 결정을 위한 논리 및 추론 기술을 사용하여 정보를 분석하고 조작하는 알고리즘 개발, 자연어 처리 시도
1975-1980	AI의 겨울	기대에 못 미치는 성과로 인한 자금 및 관심 감소
1981-1986	전문가 시스템	사람을 모방하는 논리 규칙과 추론 알고리즘을 사용하여 복잡한 시스템 개발. 의사 결정 지원 도구와 같은 전문가 시스템 개발
1987-1993	두 번째 AI 겨울	전문가 시스템의 한계와 AI 투자 감소
1994-2005	기계학습 발전	데이터 기반 학습 알고리즘 개발
2006-2014	딥 러닝 혁명	신경망 기술의 획기적 발전
2015-2017	AI의 일상화	음성 비서, 자율주행차 등 실생활 적용 확대
2018-2020	GPT의 등장	대규모 언어 모델을 통한 자연어 처리 혁신
2021-현재	생성형 AI 시대	텍스트, 이미지, 음성 생성 AI의 대중화

* Claude AI와 협업을 통해 정리

당시만 해도 AI라는 용어가 없었습니다. 1956년 다트머스 (Dartmouth) 대학에서 AI 컨퍼런스가 개최되었고, 이때 매카시(John McCarthy) 박사가 AI라는 용어를 처음 사용했습니다. 이 컨퍼런스는 AI 연구의 시작으로 여겨지고 있습니다. AI에 대한 관심과 개발은 1957년 소련(지금의 러시아)이 세계 최초로 스푸트니크라는 인공위성을 쏘아 올린 것으로부터 촉발됐습니다. 과학 기술이 소련에 뒤질 것을 두려워한 미국이 이 분야에 대한 전폭적인 지원을 하면서 컴퓨터 과학과 AI 연구가 활발하게 시작되는 계기가 됐죠.

그러나 이러한 정부 차원의 지원은 1960년대 말까지만 지속됐습니다. 당시 AI에 대한 기대에 비추어 실제로 개발된 결과물이 형편없었고, 이론의 한계점도 분명하게 드러났기 때문입니다. 그때나 지금이나 당장에 돈이 안 되는 과학 연구는 정부 지원금으로만 가능한데, 정부가 지원을 중단하니 AI의 연구 개발은 멈출 수밖에 없었습니다. AI의 첫 번째 암흑기(AI Winter)가 시작된 것입니다.

▷ AI 발전은 컴퓨팅 파워와 빅 데이터의 합작품

AI는 1980년대에 들어서서 다시 관심을 받게 됩니다. 이번에는 비즈니스 분야에서 관심을 갖게 됐죠. 기업은 돈을 벌 수 있다는 확신이 든다면 투자를 아끼지 않습니다. 그래서 기업이 관

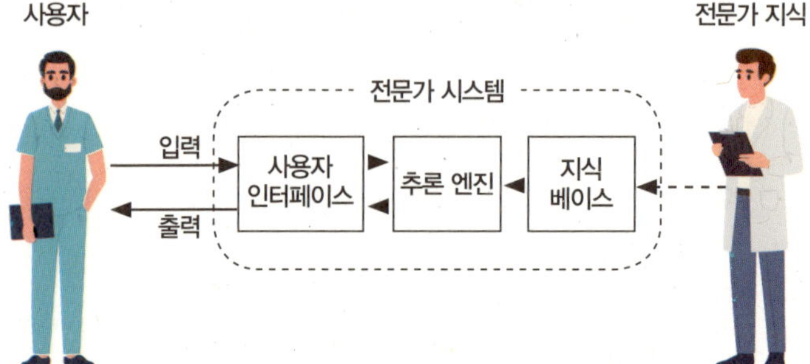

전문가 시스템(그림 2)

심이 갖는다는 것은 돈이 될 수 있다는 것을 의미합니다. AI는 금융 계획, 의료 진단, 지질 탐사, 반도체 칩 설계와 제조 등 다양한 분야에서 적용되었습니다. 당시에는 AI의 한 분야인 전문가 시스템(Expert System)을 통해 개발됐는데, 사람 전문가의 의사 결정 능력을 모방하는 컴퓨터 시스템을 만들어서 복잡한 문제를 해결하려고 했습니다. 전문가 시스템은 지식 베이스(knowledge base)와 추론 엔진(inference engine)이라는 두 개의 하위 시스템으로 나누어집니다. 지식 베이스는 사실과 규칙을, 추론 엔진은 규칙을 알려진 사실에 적용하여 새로운 사실을 추론하는 것을 말합니다.

쉽게 설명하면, 전문가의 판단이 필요한 상황에서 지식 베이스를 갖고 있는 컴퓨터에게 물어보면, 컴퓨터는 추론을 통해 해답을 제시하는 것입니다. 여러분이 궁금한 게 있을 때 전문가에게 질문하면, 전문가는 갖고 있는 지식을 기반으로 질문 내용에 적합한 답변을 하죠. 이런 전문가를 따라 만들어진 컴퓨터가 바로 전문가 시스템이고 AI의 한 분야인 것입니다. 전문가의 지식을 컴퓨터 프로그램으로 모델링하여 비즈니스 의사 결정 과정을 지원한 것이죠.

그러나 안타깝게도 이 역시 오래가지 못했습니다. 결과가 만족스럽지 못했기 때문이죠. 결과물을 구현하고 유지하는 비용은 막대하게 드는데, 지식도 부족하고 추론 규칙도 제대로 이루어지지 않았습니다. 당연히 잘못된 해결책이 제공될 가능성이 높겠죠? 그래서 두 번째 AI 암흑기가 1980년대 후반부터 시작됐습니다.

2000년대 들어서야 비로소 우리가 지금 알고 있는 AI 기술들이 본격적으로 개발되기 시작했습니다. 최근에 많이 알려진 딥 러닝(deep learning) 기술이 어느 정도 진척을 보인 후에야 실용화를 기대하게 됐죠. 딥 러닝은 다층 인공 신경망(multilayer artificial neural network)을 사용하여 데이터를 분석하는 알고리즘입니다. 쉽게 설명하면, 이 모델은 사람의 두뇌와 같이 데이터를 처리하도록 컴퓨터를 가르치는 AI 중 하나입니다. 신경망을 여러 개의 단계로 만들어 입력된 데이터의 특징을 추출하고 이를 분류·인식·예측·판단하는 것이죠. 이 모델은 이미지 인식, 자연어 처리, 음성 인식 등 다양한 분야에서 활

서버 하나가 42억 원인 엔비디아 데이터센터용 GPU(그림 3)

용될 수 있습니다. 그렇다면 왜 하필 이즈음에 AI가 본격적으로 개발되었을까요?

두 가지 이유를 들 수 있습니다. 먼저 컴퓨팅 파워(computing power)입니다. 하드웨어 측면의 발전이라고 볼 수 있죠. 컴퓨팅 파워는 컴퓨터가 수행할 수 있는 연산의 양을 의미합니다. 컴퓨팅 파워가 높을수록 컴퓨터는 더 많은 연산을 더 빠르게 수행할 수 있습니다. 그래픽 처리 장치(Graphics Processing Unit: GPU)가 대표적인 예입니다. GPU는 AI 발전에 빼놓을 수 없는 반도체입니다. 게임을 많이 하는 친구들은 그래픽 카드로 널리 알려진 엔비디아(NVIDIA)를 잘 알고 있죠? 엔비디아가 바로 GPU로 유명한 회사입니다.

GPU는 여러분이 게임을 할 때 화려한 그래픽을 보여 주는 반도체입니다. 중앙 처리 장치(Central Processing Unit: CPU)

● ○ ○ ○ **PART 1**

와 다르게 많은 계산을 동시에 처리할 수 있습니다. CPU가 모든 계산을 혼자서 처리하는 똑똑한 직원 한 명이라면, GPU는 계산을 나눠서 하는 똑똑한 직원 수백 명과 같습니다. 당연히 GPU가 더 빨리 처리할 수 있겠죠? AI, 특히 딥 러닝은 엄청난 양의 데이터를 빨리 계산해야 합니다. 이런 복잡한 계산을 GPU가 여러 개의 처리장치로 빠르게 해결해 주니까, GPU는 AI 발전의 숨은 공신이라고 할 수 있죠. 쉽게 말해서, GPU는 AI가 빠르게 생각하고 판단할 수 있게 도와주는 '초고속 계산기'라고 생각하면 됩니다.

다음은 빅 데이터(Big Data)입니다. 이건 소프트웨어 측면의 발전이죠. AI가 제대로 일하려면 빅 데이터가 꼭 필요합니다. 마치 사람이 공부를 하려면 책이 필요한 것처럼, AI도 학습을 하기 위해서 엄청난 양의

데이터가 필요하답니다. 딥 러닝의 학습 방식은 우리의 뇌가 처리하는 것과 유사합니다. 우리 뇌가 여러 단계를 거쳐 생각하듯이, 딥 러닝도 여러 층의 '신경망'을 통해 정보를 처리하죠. 각 층은 서로 연결되어 있어서, 앞 층에서 배운 내용을 바탕으로 다음 층에서 더 복잡한 것을 이해할 수 있답니다. 이게 앞에서 설명한 다층 인공 신경망이라는 것입니다.

예를 들어 고양이 사진을 인식하는 딥 러닝을 생각해 볼까

요? 첫 번째 층에서는 단순한 선과 모양을 파악하고, 그다음 층에서는 눈과 귀 같은 부분을 파악하고, 마지막 층에서는 "아, 이게 고양이구나!"라고 판단하는 거죠. 이런 방식으로 층층이 쌓아 올리며 학습하기 때문에 '딥(깊은) 러닝'이라고 부르는 겁니다. 이렇게 여러 층을 거쳐 배우려면 정말 많은 데이터가 필요합니다. 그래서 빅 데이터는 딥 러닝을 하기 위해서는 없어서는 안 될 중요한 자원입니다. 학습 데이터를 이용하여 예측을 수행하기 때문에, 학습 데이터에 대해 정확한 예측 결과를 내놓을 수 있습니다. 바로 여기에서 빅 데이터의 중요성이 부각됩니다. 정확한 예측을 위해서는 질 좋은 데이터가 많이 필요한데 어디에서 이 데이터를 확보할 수 있을까요?

구글, 페이스북, 마이크로소프트 등의 거대 플랫폼 회사는 빅 데이터를 수집·저장·처리하는 기술을 보유하고 있습니다. 이들은 수많은 인터넷 사용자들의 데이터를 수집하고, 이를 분석하여 사용자의 행동 패턴, 선호도, 관심사 등을 파악하고 이를 바탕으로 사용자에게 맞춤형 서비스를 제공합니다. 거대 플랫폼 회사들은 이러한 데이터를 AI 신경망 학습에 활용하여, 자사의 검색 엔진, 음성 인식 기술, 이미지 인식 기술 등을 발전시킬 수 있었습니다. 한마디로, 거대 플랫폼사가 빅 데이터를 갖고 있었기에 이것을 처리하는 기술을 개발했고, 자연스럽게 AI 기술까지 이르게 된 거죠.

간단하게 정리해 보자면, 2000년대에 들어서야 드디어 AI가 눈에 띄는 성장을 보인 것은 컴퓨팅 파워의 발전과 처리 가능한 빅 데이터의 확보 때문입니다. 그러나 바로 이러한 이유 때문에, 언제일지는 모르지만 미래에는 AI 때문에 데이터 생산에 문제가 생겨 산출물의 정확도에 문제가 생길 수도 있습니다. 지금이야 사람이 만든 데이터를 학습하지만, 앞으로 AI가 만든

연도	주요 사건
2006	제프리 힌튼(Geoffrey Hinton) 박사의 심층 신경망 학습 방법 제안, 딥 러닝의 시작
2010	ImageNet 대회 시작, 컴퓨터 비전 발전 가속화
2011	IBM Watson, Jeopardy! 퀴즈쇼 우승
2012	AlexNet, ImageNet 대회 압도적 승리로 딥 러닝 혁명 시작
2016	AlphaGo, 이세돌 9단에게 승리
2018	BERT 모델 발표, 자연어 처리 성능 대폭 향상
2020	GPT-3 출시, 거대 언어 모델의 시대 개막
2021	DALL-E 출시: OpenAI의 텍스트 기반 이미지 생성 AI
2022	ChatGPT 출시: OpenAI의 대화형 AI, 생성형 AI 대중화 시작
2022	Midjourney 출시: 아트 생성 AI로, 사용자 맞춤형 이미지 생성
2023	GPT-4 출시: OpenAI의 멀티모달 AI, 텍스트 및 이미지 처리 가능
2023	Claude AI 출시: Anthropic의 AI 어시스턴트
2023	LLaMA 발표: Meta의 오픈소스 대규모 언어 모델
2023	Gemini 출시: Google의 멀티모달 AI 모델

2000년대 벌어진 AI 관련 사건(표 2)

* Claude AI와 협업을 통해 정리

데이터가 많아지게 되면 그때는 어떤 데이터로 학습을 시켜야 할까요? 한 연구는 AI가 만든 데이터를 학습할 경우 품질이 현저히 떨어진다는 것을 밝혀냈습니다(Shumailov, et al., 2024). 그래서 논문 제목도 〈반복적으로 생성된 데이터로 학습한 AI는 붕괴한다(AI models collapse when trained on recursively generated data)〉입니다. AI가 사람과 같은 지능을 갖기 위해서는 사람이 만든 빅 데이터가 필요합니다.

▷ 2023년 1년이 AI 역사 70년을 뛰어넘다!

2000년대 AI 기술은 서서히 기업에서 중요하게 다루어집니다. 앞서 설명한 것처럼 무수한 데이터가 쌓이고 쌓이는데 이를 어떻게 처리할지 고민이 생기기 때문이죠. 이 데이터를 어떻게 처리하느냐에 따라 황금알을 낳는 거위가 될 수도, 그저 쓰레기로 남을 수도 있다는 것을 기업은 잘 알았습니다. 몇몇 기업의 사례를 통해 빅 데이터와 AI가 만나 어떻게 활용되었는지 살펴보겠습니다.

먼저 구글(Google)입니다. 구글은 전 세계에서 가장 많은 데이터를 다루는 기업입니다. 구글로 검색한다는 뜻의 구글링(Googling)이라는 말이 일반명사로 사용될 정도로 뭔가를 찾아야 할 때는 구글에게 물어보니, 전 세계에서 셀 수도 없이 많은 데이터가 쌓이겠죠? 게다가 구글 맵(Google Maps) 서비스를 출시하면서 세계 각지의 건물, 도로, 교통량 등 다양한 데이터를 수집하고 이를 지도 데이터베이스에 저장했고, 구글 어스(Google Earth)를 출시하면서 위성 사진, 3D 지도 등 더욱 다양한 데이터를 수집했습니다. 유튜브(YouTube)로는 동영상 제작자와 사용자 모두의 사용 데이터를 고스란히 활용할 수 있죠. 국내에서는 네이버가 구글과 가장 비슷한 활용을 한다고 생각하시면 됩니다.

페이스북(Facebook)은 소셜미디어 사용자가 업로드한 사진, 동영상, 게시글 등을 수집하고 이를 분석해 사용자 취향과 성향을 파악합니다. 이를 통해 광고주를 대상으로 한 타겟팅 광고를 제공할 수 있죠. 사용자가 알아서 자신의 모든 정보를 제공하니 이것보다 좋은 비즈니스 모델이 어디 있을까요?

무엇보다도 이커머스(e-Commerce) 분야는 돈과 직접적으로 관련이 있으므로 가장 가치 있는 데이터를 수집합니다. 구글이든 페이스북이든 광고 수익이 가장 중요한데, 광고라는 것이 결국 구매로 이어져야 의미가 있는 것이겠죠. 이커머스 플랫폼에서는 직접 구매가 이루어지니 기업에게 이보다 더 영양가 있는 정보가 있을까요? 아마존(Amazon)은 이커머스 플랫폼 산업군에서 대표적인 기업이죠. 구매 이력, 검색 기록, 사용자 선호도 등 다양한 데이터를 수집하고 이를 개인화된 제품 추천에 활용합니다. 내가 무언가를 살 때마다 나와 비슷한 사람에게 유사한 제품을 소개하는 추천 서비스가 가능한 것이 바로 이러한 데이터의 활용 때문입니다. 넷플릭스(Netflix)의 동영상 추천 서비스도 동일한 논리입니다. 또한 아마존은 웹 서비스(AWS)를 출시하면서 클라우드 컴퓨팅 인프라를 제공하고, 기업들의 빅 데이터 처리를 도와주는 서비스를 제공합니다. 쿠팡 역시 아마존과 거의 동일한 방식으로 개인화 서비스를 제공 중입니다.

최근 가장 흥미로운 서비스는 역시 우버(Uber)일 것 같습니다. 우리나라에는 유사한 서비스가 없어서 이해가 조금 어려울 수도 있는데, 자동차를 갖고 있는 일반인이 우버 운전사로 등록을 해서 택시처럼 운행을 하고 돈을 버는 비즈니스입니다. 여러분 집에 자동차가 있다면, 언제라도 시간 날 때 우버 드라이버로 일을 해서 돈을 벌 수 있는 것이죠. 또한 배달의민족처럼 배

빅 데이터와 AI를 활용한 서비스를 제공하는 우버의 홈페이지(그림 4)

달 서비스도 합니다. 우버이츠(Uber Eats)라는 이름으로 레스토랑과 식료품 등의 배달 서비스를 제공하죠. 우버의 2023년 매출액은 약 48조 5천억 원(373억 달러)였으니 얼마나 큰 규모인지 짐작이 가시죠? 우버는 운전자와 승객 모두를 대상으로 빅데이터를 수집합니다. 운전 기록, 승객 탑승 기록, 지리적 위치 등 다양한 데이터를 수집하고 이를 기반으로 운전자와 승객을 매칭시키죠. 또한 고객 서비스 향상을 위해 승객의 피드백을 수집하고 분석하여 운전자 및 승객의 서비스 만족도를 높이기 위한 개선점을 찾아냅니다. 승객의 이동 패턴을 분석하여 새로운 지역에 대한 수요를 예측하고, 택시 가격 변동 제도를 통해 택시 요금을 최적화하는 것도 데이터를 활용한 결과입니다.

방금 소개한 기업들의 서비스는 다른 분야에서도 얼마든지 활용할 수 있습니다. 음식점에서 손님들의 선호도를 분석해 새로운 메뉴를 개발할 수도 있고, 학원에서는 학생들의 학습 패턴을 파악해서 맞춤형 교육을 제공할 수도 있죠. 이 책을 읽은 여러분이 어떻게 응용하냐에 따라서 제2의 쿠팡과 배달의민족이 나올 수 있을 겁니다. 지금 이 순간에도 많은 회사에서 기존에 소개된 것과는 비교할 수 없을 정도로 뛰어난 품질의 AI 관련 프로그램을 쏟아내고 있습니다.

후일 AI의 역사를 정리할 때, ChatGPT 출시 이전과 이후로 나눌 것 같습니다. 그만큼 ChatGPT는 일반인뿐만 아니라 AI

전공자에게도 큰 충격으로 다가왔습니다. 이렇게 훌륭한 자연어 처리 기술을 2022년에 내놓으리라는 예상을 한 AI 전문가는 많지 않았습니다. ChatGPT 출시 이후 AI 업계가 얼마나 급박하게 돌아가고 있는지는 2023년 2월과 3월, 불과 두 달 동안에 소개된 AI 관련 중요한 소식 몇 가지만 보아도 알 수 있습니다. 각각의 이벤트가 사실 어마어마한 뉴스인데, 워낙 한꺼번에 쏟아져 무감각할 뿐입니다.

2023년 2월과 3월에 발표된 AI 관련 소식(표 3)		
날짜	기업	내용
2.7	Microsoft	Bing ChatGPT 서비스 시작
2.8	Runway	Gen-1 출시
2.24	Meta	LLAMA 출시
3.14	Anthropic	Claude 출시
3.14	OpenAI	GPT-4 출시
3.15	PyTorch	PyTorch 2.0 출시
3.15	Baidu	ERNIE Bot 출시
3.15	Midjourney	Midjourney V5 출시
3.20	Runway	Gen-2 출시
3.21	Adobe	Firefly 출시
3.21	Google	Bard 출시
3.21	Microsoft	Bing Image Creator 출시
3.21	Stability AI	Stable Diffusion Reimagine 출시
3.23	OpenAI	ChatGPT Plugins 서비스 시작

튜링 테스트

튜링 테스트는 참 재미있는 테스트입니다. 어떻게 사람인지, AI인지 구별할까요? 실험 방법에 대해서 소개하겠습니다.

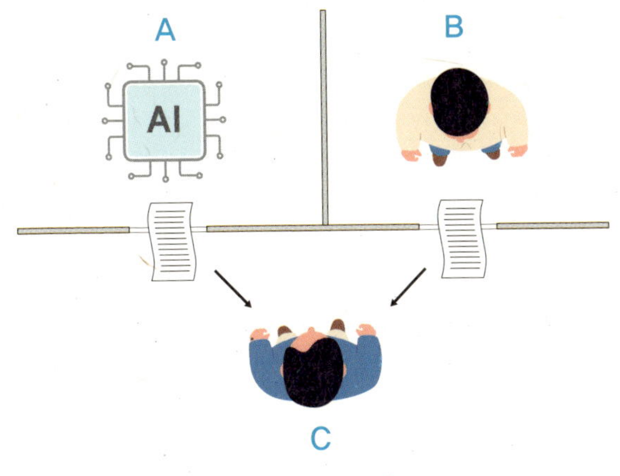

튜링 테스트(그림 5)

튜링 테스트는 일종의 블라인드(blind) 면접과 같습니다. 테스트에는 세 개의 방이 필요합니다. 한 방(C)에는 심사위원이 있고, 나머지 두 방에는 각각 AI(A)와 사람(B)이 있습니다. 심사위원은 컴퓨터로 두 대상과 대화를 하면서, 두 대입니다. AI의 역할은 사람으로 판단될 수 있도록 대화하는 것이겠죠. 물론 사람은 자신이 사람임을 증명하는 역할을 해야 하고요. 할 수 있습니다.

구글을 통해 튜링 테스트 통과 사례를 살펴보면, 2014년에 러시아 연구진이 개발한 AI 유진 구스트만(Eugine Goostman)이 최초로 통과했다는 뉴스를 발견할 수 있습니다. 그러나 이는 어떻게 보느냐에 따라 다르게 판정할 수 있을 것 같습니다. 유진은 13세 소년으로 설정되어 실험을 진행했는데 실제로 유진이 대화한 내용을 보면 이건 사람이 아님을 의심할 수 있습니다. 좋게 말하면, 거짓말쟁이 또는 무논리의 사람일 수는 있겠네요, 그러나 이러한 의심에도 불구하고 대화를 진행할 수 있다는 것, 비록 대화가 어린이 수준이라도 가능하다는 것이 튜링 테스트를 통과했다는 뉴스가 나온 배경이었습니다. 어쨌든 결과적으로 33%를 속였으니까요.

어찌 보면 이것이 튜링 테스트의 한계겠죠. 1950년대에 고안된 이 테스트는 당시의 기술 수준을 반영할 수밖에 없었고, 이게 정상적인 대화인지, 거짓말 대잔치인지는 중요하지 않았으니까요. 합니다. 적어도 현재 소개되는 AI는 자연어 처리가 매우 뛰어나기 때문입니다. 다만 1950년에 이런 아이디어를 가졌다는 것이 놀라울 뿐입니다.

세상에 없던 것이 나타나다

▶ GPT, 너는 누구냐?

2022년 겨울부터 전 세계가 GPT 때문에 난리입니다. 컴퓨터 관련 분야에서는 물론이고, 전혀 상관없는 것처럼 보이는 분야에서도 GPT를 모르면 시대에 뒤떨어지는 사람 취급을 합니다. 대체 GPT가 뭐길래 이렇게 난리가 났을까요? 다소 어려울 수도 있지만 꼭 알아야 할 내용이기에, 최대한 쉽고 재미있게 설명하겠습니다. AI가 무엇인지에 대해서는 이미 《인공지능, 너 때는 말이야》에서 다루었으니, AI 전반에 대해서 궁금한 친구는 《인공지능, 너 때는 말이야》를 한 번 더 읽어 보실 것을 권합니다. 여기서는 구체적으로 GPT와 관련된 내용만 다룰게요.

아, 한 가지 확인하고 넘어갈 것이 있습니다. 대부분의 사람들이 GPT와 ChatGPT를 잘 구분하지 못하는데요, 이 두 개는 같은 것일까요? 아닙니다. GPT는 생성형 사전 훈련 변환기(Generative Pre-trained Transformer)의 약자로, 자연어 처리 분야에서 사용되는 AI 모델 중 하나입니다. 그리고 ChatGPT는 단어만으로도 예상 가능하듯이 채팅(chatting)하는 GPT입니다. GPT 챗봇이죠. 즉, GPT 기술로 대화를 통해 결과물을 산출할 수 있게 만든 것입니다. 그렇다면 GPT가 ChatGPT 말고 다른 것도 있나요? 물론입니다. 자연어로 텍스트를 치면 이미지를 만드는 GPT도 있습니다. OpenAI가 만든 DALL-E가 한 예입니다. 텍스트로 "이러저러한 그림을 만들어 줘."라고 명령하면 이 세상에 존재하지 않은 이미지가 만들어집니다. 동영상도 가능할까요? 물론입니다. GPT는 범용 인공지능(Artificial General Intelligence: AGI)이기 때문에 자연어 처리와 관련된 어느 분야에도 적용할 수 있습니다.

새로운 용어가 벌써부터 마구 쏟아집니다. 하나씩 설명하겠습니다. 먼저 자연어가 무엇인지 알아볼까요? 자연어는 말 그대로 우리가 사용하는 말을 뜻합니다. 우리가 일상생활에서 사용하는 언어입니다. 그런데 왜 '자연어 처리' 분야라는 게 있을까요? 우리가 일상적으로 사용하는 말이라면서 왜 이것을 처리하죠?

그 이유는 자연어 처리를 하지 않으면 컴퓨터에게 명령을 내리기 위해서 프로그래밍 언어를 배워야 하기 때문입니다. 어렵겠죠? 우리 같은 일반인이 프로그래밍 언어를 배우지 않더라도 우리가 일상생활에서 사용하는 언어로 컴퓨터에게 명령을 내린다면 얼마나 좋을까요? 자연어 처리는 바로 이러한 작업을 하는 것입니다. GPT는 우리가 일상생활에서 하는 대화로 답을 제공해 주죠. 바로 자연어 처리를 했기 때문에 가능한 것입니다.

다음은 모델입니다. AI를 이야기할 때 '모델'이라는 표현을 많이 씁니다. 모델을 이해하기 위해서는 중고등학교 수학 시간에 배운 함수 또는 공식을 떠올리면 됩니다. X*Y=XY라는 것을 알고 있으면 모델을 이해하고 있는 겁니다. 이 공식에서 X와 Y는 AI가 배우는 정보입니다. 이걸 입력 데이터라고 하죠. 그리고 XY는 AI가 만들어 내는 결과물, 즉 출력이고요. 이렇게 입력으로부터 출력을 만들어 내는 과정을 모델링이라고 하고, 이 과정에서 만들어진 결과물을 모델이라고 부릅니다. GPT도 이런 모델 중 하나입니다. GPT는 빅 데이터(입력 데이터)를 학습한 후, 새로운 글이나 이야기, 때로는 이미지나 영상까지 만들어 낼 수 있는(출력) 특별한 모델입니다. 마치 수학 공식처럼, 입력한 정보를 가지고 새로운 결과물을 만들어 내는 거죠.

흔히 AI라고 뭉뚱그려 얘기하지만 이 안에는 다양한 방식의 모델이 있습니다. 그중 하나가 생성형 AI(Generative AI, Gen-AI)입니다. GPT 역시 생성형 AI 중 하나죠. 생성형 AI는 자연어로 텍스트, 이미지, 동영상 등의 콘텐츠를 생성할 수 있는 AI를 말합니다. 이 책에서 다룰 내용은 바로 생성형 AI에 관한 것입니다. 자, 지금부터 생성형 AI가 바꾸는 세상을 공부해 봅시다!

▷ GPT 쪼개 보기

그러면 이제 본격적으로 GPT를 하나씩 쪼개서 공부해 볼까요? 먼저 GPT의 G는 제너러티브(Generative, 생성적)입니다. '생성하다', '만들다'라는 의미입니다. 즉 GPT 모델이 새로운 것을 만들어 내는 능력이 있다는 것을 의미합니다. 예를 들어, GPT 모델에게 "오늘 날씨가"라는 말을 입력하면, 모델은 이 문장을 완성하기 위해 적절한 단어를 선택하여 "오늘 날씨가 맑습니다." 또는 "오늘 날씨가 흐립니다."와 같은 새로운 문장을 생성할 수 있습니다. 물론 이렇게 말하기 위해서는 어딘가에서 데이터를 갖고 오겠죠? GPT가 모델이라는 건 일종의 공식이라는 뜻이니까, '날씨'라는 의미를 파악해서 기상청의 데이터를 갖고 와서 오늘 날씨를 대입해서 결과물을 출력하겠죠. 바로 이렇게 만드는 것을 '생성', 제너러티브라고 합니다.

또한 GPT 모델은 소설이나 시를 만들 수도 있습니다. 예를 들어 "꿈의 나라에서"라는 주제로 이야기를 만들어 달라고 요청하면, GPT 모델은 이 주제에 맞는 새로운 이야기를 생성할 수 있습니다. 인터넷에 있는 수많은 정보를 재빠르게 찾아보고 결과물을 출력할 수 있는 능력이 있는 거죠. 이처럼 GPT 모델은 '만들어 낼 수 있는' 능력을 갖추고 있어 다양한 결과물을 '생성'할 수 있습니다.

다음으로 GPT의 P는 사전 훈련(Pre-trained)입니다. 말 그대로 '미리 학습했다'라는 뜻입니다. 우리가 시험 보기 전에 공부하는 것과 같습니다. 좋은 답, 즉 좋은 결과물을 출력하기 위해서 미리 공부를 했습니다. GPT 모델이 이미 빅 데이터, 즉 대량의 텍스트 데이터를 학습하여 언어의 패턴과 규칙을 습득한 상태라는 것을 의미합니다. 이와 같이 사전 학습 과정을 통해 GPT 모델은 새로운 문장을 생성하거나 기존의 문장을 완성하는 등 다양한 작업을 수행할 수 있게 된 거죠.

훈련을 한다고 해서 사람이 가르친 것은 아닙니다. 이렇게 많은 데이터를 사람이 일일이 가르칠 수는 없겠죠? 비지도 학습(unsupervised learning)이라는 방법을 사용했는데, AI가 알아서 판단하는 것을 의미합니다. 개 사진을 보여 주고 "이것은 개야.", 고양이 사진을 보여 주고 "이것은 고양이야."라고 이름을 붙이면서 설명을 하는 것을 지도 학습(supervised learning)이라고 하고, 데이터를 주고 스스로 알아서 학습해서 알아가는

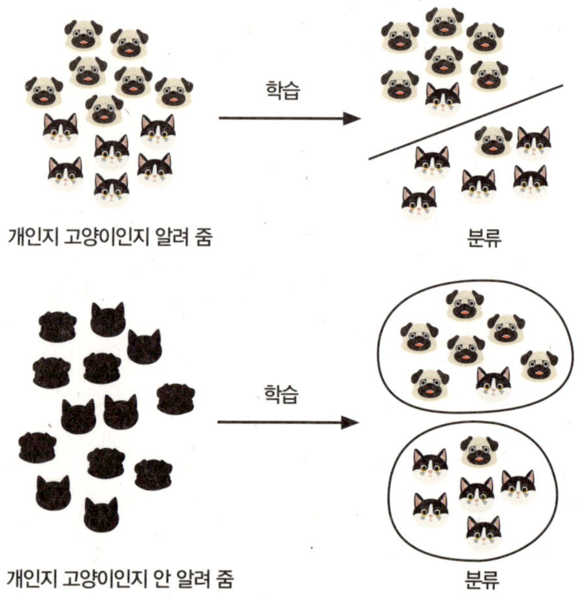

지도 학습과 비지도 학습 예(그림 6)

것을 비지도 학습이라고 합니다. 참고로, 이렇게 들으면 마치 비지도 학습이 지도 학습보다 더 뛰어난 기술인 것처럼 보이지만, 각각의 학습법은 서로 다른 목적을 가진 머신 러닝 기법일 뿐 둘 중 무엇 하나가 더 우수한 기술이라고 말할 수는 없답니다.

마지막으로 GPT의 T는 트랜스포머(Transformer)입니다. 이는 인공신경망 구조 중 하나로, GPT 모델이 사용하는 기술을 의미합니다. 앞서 설명한 두 개의 단어와는 달리 트랜스포머는 AI와 관련된 용어이기 때문에 조금 더 구체적으로 설명하겠습니다.

트랜스포머는 2017년에 구글 브레인(Google Brain)의 바스와니(Ashish Vaswani) 연구팀에 의해 처음 제안된 딥 러닝 모델입니다(Vaswani, et. al., 2017). 이 모델은 입력된 문장의 각 단어들이 서로 얼마나 관련이 있는지 파악하여 문장의 의미를 이해합니다. 이를 통해 GPT 모델은 문장의 맥락을 파악하고 적절한 단어를 선택하여 새로운 문장을 생성할 수 있습니다. 앞에서 예를 들었던 "오늘 날씨가"라는 문장을 입력하면, 그다음에 '맑습니다'를 선택할지, 또는 '흐립니다'를 선택할지 문장의 각 단어의 관련성을 파악해서 맥락과 의미를 학습하는 것이죠.

조금 더 깊게 들어가겠습니다. 트랜스포머는 AI의 새 역사를 만든 기술이기 때문에 이것을 이해하면, 여러분이 AI의 미래를 예측하는 데 큰 도움을 줄 것입니다. 어렵더라도 천천히 따라오세요.

이 모델은 어텐션(Attention 또는 Self-Attention, 자기주의)이라는 메커니즘으로 입력된 데이터의 각 부분의 중요성에 대해 다르게 가중치(weight)를 부여합니다. 즉, 가중치는 중요도인 것이죠. 가중치를 부여하면서 모델은 문장의 맥락을 파악하고 적절한 단어를 선택하여 새로운 문장을 생성할 수 있습니다. 예를 들어, "나는 빵을 좋아한다."라는 문장에서 "좋아한다"라는 단어는 "나는"과 "빵을"이라는 단어와 관련이 있습니다. 어텐션 메커니즘은 이러한 관계를 파악하여 "나는"과 "빵을"이라는 단어에 높은 가중치를 부여하고, 다른 단어들에는 낮은 가중치를 부여합니다. 즉, 문장에서의 핵심 단어를 판단하는 것입니다. 이를 통해 모델은 문장의 의미를 정확하게 이해하고 적절한 응답을 생성할 수 있습니다. 만일 어텐션이 적용되지 않았다면, "나는 빵을 밀가루는 곰표."처럼 이상한 문장이 제시될 수 있겠죠. 이처럼 어텐션 메커니즘은 입력된 문장의 의미를 정확하게 이해하는 데 중요한 역할을 합니다.

트랜스포머는 기본적으로 번역을 위해서 만들어졌습니다. 목적이 이렇다 보니까 자연어 처리에 탁월한 성능을 갖고 있습니다. 순차적 데이터를 병렬로 처리하는 능력이 뛰어납니다. 쉽게 말해 속도가 빠르다는 의미입니다. 입력 데이터의 전체적인 구조를 한 번에 파악할 수 있는 능력이 있는 거죠.

트랜스포머가 가진 놀라운 능력은, 이게 원래 자연어 처리 분야에서 사용되도록 설계된 AI 모델임에도 불구하고 이미지와 동영상 작업에도 활용될 수 있다는 점입니다. 예를 들어, 이미지 분류(image classification) 작업에서 이미지의 모든 픽셀을 동시에 보고 이해해서 전체적인 구조를 한 번에 파악할 수 있고, 동영상 분석(video analysis) 역시 동영상의 모든 프레임을 동시에 이해해서 한 번에 파악할 수 있는 거죠. 결국 트랜스포머는 말을 이해하는 것뿐만 아니라, 이미지와 영상도 전체적으로 더 빠르게 이해할 수 있습니다. 마치 수많은 눈을 가진 것처럼 모든 것을 동시에 보고 처리할 수 있는 볼 수 있는 AI 모델입니다.

▷ 매개변수의 양이 결과물의 퀄리티를 좌우한다!

GPT를 설명할 때 'GPT-3이 약 1750억 개의 매개변수(parameter)를 갖고 있고 GPT-4는 이보다 훨씬 많은 매개변수를 갖고 있을 것이라고 예측한다.' 같은 말을 하는데, 매개변수는 무엇이고 왜 매개변수의 양이 중요할까요?

먼저 매개변수에 대해 알아볼까요? 매개변수는 모델이 학습하는 동안 조정되는 변수를 말합니다. 쉽게 설명하면 여러분이 게임을 할 때 사용하는 다양한 옵션이라고 생각하면 됩니다. 수학 문제를 풀 때 다양한 방법을 활용하는 것처럼 다양한 방식을 적용하는 것을 의미하는 것이죠. 더 쉽게 설명할까요? 여러분이 여행을 가고 싶은데 돈이 없어요. 그래서 부모님께 어떤 이유를 대서 용돈을 받고 싶은데, 어떤 이유를 대면 가장 설득력이 있을까요? 더 나아가 칭찬까지 받는다면 더할 나위 없이 좋겠죠? 여행을 통해서 세상을 이해하고 싶다고 할까요? 여행을 하면서 내가 무엇을 좋아하는지 깨달아서 미래를 준비하고 싶다고 할까요? 어쨌든 "심심해서 그냥 놀다 오고 싶어요."라고 말할 사람은 많지 않을 거예요. 즉, 최선의 결과(용돈+칭찬)를 얻기 위한 다양한 방법을 만들어 내는 것이죠.

　이런 방법 하나하나가 매개변수입니다. 그리고 매개변수를 바꿔가면서(다양한 방법을 시도하면서) 최선의 결과를 찾아가는 작업을 하이퍼매개변수 최적화(Hyperparameter Optimization/Tuning)라고 합니다. 쉽게 말해 AI가 매개변수를 조정하면서 가장 효율적으로 일할 수 있는 방법을 찾는 과정입니다. 예를 들어 보겠습니다. 학생의 성적에 영향을 미치는 많은 요인이 있습니다. 공부 시간, 수업 참여도, 과외 여부, 타고난 머리 등이 있겠죠. 이러한 것들이 매개변수입니다. 좋은 성적을 올리기 위해서 학생은 다양한 시도를 할 수 있습니다. 평소 공부 시간은 줄이는 대신 최대한 수업에 참여할 수 있을 겁니다. 수업 참여도는 낮추는 대신에 학원과 과외에 더 몰입할 수도 있겠죠. 이렇게 학생이 처한 상황에 맞게 다양한 요소(매개변수)를 변화해 가며 최선의 결과를 찾아가는(최적화) 것이죠.

　매개변수의 양이 중요한 이유는 매개변수가 많을수록 모델이 더 복잡한 데이터 패턴을 학습할 수 있기 때문입니다. 즉, 매개변수가 많은 모델은 더 높은 표현력을 가집니다. 하지만 매개변수가 너무 많으면 과적합(overfitting)이 발생할 수 있습니다. 과적합은 모델이 학습 데이터에 지나치게 적응하여 새로운 데이터에 대한 예측 성능이 저하되는 현상입니다. 간단한 비유로 설명하자면, 매개변수가 많은 모델은 마치 메뉴가 수백 개인 식

당과 같습니다. 메뉴가 많으면 많은 사람들이 각자의 취향에 따라 식사를 선택할 수 있다는 장점이 있죠. 하지만 개인은 곤혹스럽습니다. 너무 많기 때문에 선택하기가 어렵기 때문이죠.

하이퍼매개변수 최적화를 통해 모델의 성능을 높이기 위해 매개변수를 지나치게 조정하면 모델은 학습 데이터에 대해서는 높은 정확도를 보일 수 있지만, 새로운 데이터에 대해서는 예측 능력이 떨어질 수 있습니다. 하이퍼매개변수 최적화와 과적합은 서로 밀접한 관계가 있으며, 적절한 하이퍼매개변수 값을 찾아 과적합을 방지하는 것이 중요합니다. 데이터의 복잡성과 모델의 용량(capacity)을 고려하여 적절한 균형을 찾는 것이 숙제입니다.

▶ 결국 사람이 처리해야 정확하다!

GPT가 학습하는 데 사람이 개입하는 것은 당연한 걸까요, 말도 안 되는 걸까요? "아직 AI의 능력이 제한적이니까 사람이 개입해서 정확도를 높이고 문제가 되는 것을 방지하는 것은 당연하죠."라고 말하는 사람도 있겠고, "아니 어떻게 수많은 데이터, 매개변수, 가중치를 사람이 개입해서 확인할 수 있습니까?"라고 생각하는 사람도 있겠죠.

앞서 설명한 모델을 통해 AI가 어떻게 우리가 사용하는 방식의 언어로 결과물을 출력하는지 알았습니다. 그런데 이렇게 만들어진 결과물이 정말 사용자에게 늘 만족을 줄까요? 적어도 GPT는 그 정도 수준은 아닙니다.

혹시 ChatGPT가 그럴듯한 거짓말로 결과물을 만들어 냈다는 뉴스를 본 적이 있나요? 이것을 환각(hallucination)이라고 합니다. 존재하지 않거나 잘못된 사실을 결과물로 만들어 내는 것이죠. 또한 질문을 해도 제대로 이해하지 못하거나, 편향된 답변을 하기도 합니다. 거짓말을 진짜처럼 답변해서 깜박 속아넘어갈 정도입니다. 인터넷에 재미있는 '짤'이 돌아다니기도 했죠. '조선왕조실록에 기록된 세종대왕의 맥북프로 던짐 사건'에 대한 천역덕스러운 거짓 답변은 ChatGPT의 흑역사로 두고두고 이야기될 것입니다.

학문적으로도 ChatGPT의 편향성을 지적한 연구가 발빠르게 선보였습니다. 2023년 뉴질랜드의 데이터 사이언티스트인 로자도(Rozado)는 ChatGPT에 대한 15가지 정치적 성향 테스트를 실시한 결과, 14개의 질문에 대한 ChatGPT의 답변이 좌파적 정치적 관점을 나타내는 것으로 진단했습니다. 즉, ChatGPT가 한쪽으로 편향된 가치관을 가졌다는 말이죠. 이러한 결과를 가져온 것은 놀라운 것일까요? 아니면 그럴 수도 있는 걸까요?

만일 이러한 결과물이 계속 나온다면 ChatGPT를 사용하는데 주저하겠죠? 그래서 GPT-3.5(GPT 버전이 3.5라는 뜻)는 더 좋은 결과값을 제공하기 위해서 사람이 확인하는 과정을 거쳤습니다. 이렇게 사람이 확인하는 과정을 거쳤는데도 '세종 대왕 맥북프로 던짐 사건' 답변이 나온거냐고요? 예, 그렇습니다. 그만큼 정교함이 떨어졌다는 증거겠죠. 그러나 2020년 6월에 출시된 GPT3에 비하면 엄청난 차이를 보입니다(Ouyang, et. al., 2022). 정확도는 계속 발전해서, 2022년 11월에 출시된 ChatGPT-3.5와 2023년 3월에 출시된 ChatGPT-4의 결과물도 큰 차이를 보입니다. 불과 몇 개월 만에 소개된 새로운 버전이지만, 답변의 정확성이 눈에 띄게 증가됐죠.

사람이 어떻게 개입하는지 조금 더 자세하게 설명하겠습니다. 이것이 ChatGPT가 놀라운 결과물을 갖게 하는 주요한 특징이므로 구체적으로 알아 두는 것이 좋을 것 같습니다. 이렇게 사람이 AI의 품질을 높이는 데 관여하는 것을 사람 피드백 강화 학습(Reinforcement Learning with Human Feedback: RLHF)이라고 합니다. 이 방법은 사람들이 질문을 할 때 어떤 답을 기대하는지 AI가 알도록 가르칩니다.

예를 들어, ChatGPT 모델이 "오늘 날씨가 좋아요"라는 문장을 생성했다고 가정해볼까요? RLHF 과정에서는 평가원이 이 문장이 자연스러운지, 의미가 명확한지, 또는 문맥에 적합한지 등을 평가합니다. 만약 이 문장이 자연스럽고 의미가 명확하다면, 사람은 이에 대한 긍정적인 피드백을 제공하는 것이죠. 만일 ChatGPT 모델이 "나는 프랑스 파리를 잡고 싶어요(도시 파리와 곤충 파리를 분별하지 못할 경우)"라고 답했다면, 이 문장은 자연스럽지 않거나 의미가 명확하지 않기 때문에 평가원은 이에 대한 부정적인 피드백을 제공하겠죠.

이렇게 제공된 피드백은 모델이 학습하는데 사용됩니다. 모델은 이 피드백을 바탕으로 자신의 출력을 개선하고, 더 나은 성능을 내도록 학습하죠. 따라서 RLHF 학습 방식에서는 사람의 평가와 피드백이 중요한 역할을 하며, 이를 통해 모델의 성능을 지속적으로 개선할 수 있습니다. 연구 결과에 따르면 RLHF를 적용했을 때, 그렇지 않았을 때보다 훨씬 더 적절한 답변을 하고, 각종 조건을 든 지시 사항에 대해서 명확하게 답변하고, 또한 거짓으로 답변(환각)할 가능성을 줄인다고 합니다(Ouyang, et. al., 2022).

정리하면, RLHF는 ChatGPT의 성능을 향상시키는 데 중요한 역할을 합니다. 이러한 방법을 통해 최적의 결과를 생성하는 것이 ChatGPT의 핵심입니다. 아, 여기서 한가지 정리할 것이 있네요. 앞에서 사전 훈련 과정에서 비지도 학습을 한다고 했는데, RLHF의 학습 과정은 지도 학습이겠죠? '뺑쟁이' ChatGPT는 순전히 비지도 학습으로 나온 결과이고, 지도 학습 과정인 RLHF를 거치면서 정확한 답변을 하는 ChatGPT가 된다는 것을 기억하시기 바랍니다.

사람과 대화하는 기계, 어떻게 배웠을까?

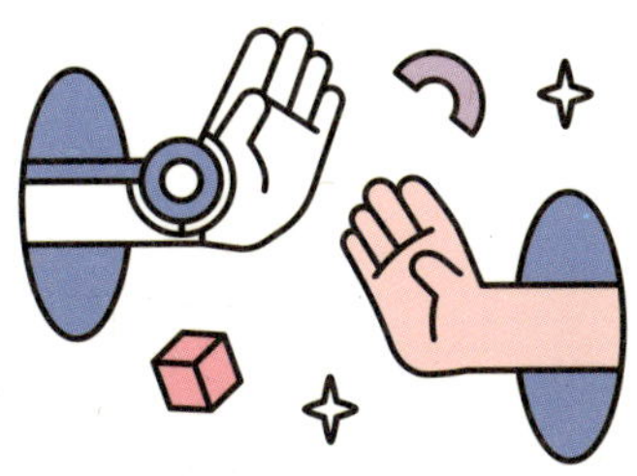

▷ 철학으로 ChatGPT 이해하기

잠시 철학 공부를 하겠습니다. GPT를 설명하면서 난데없이 왜 철학 얘기를 하냐고요? 우리 교육 시스템이 철학을 등한시해서 그렇지 우리의 삶 속에 철학이 녹아들지 않은 곳은 없습니다. 관점과 가치관을 갖고, 생각하고, 말하고, 행동하는 모든 것은 철학과 직간접적인 관련이 있습니다. 철학의 중요성은 아무리 강조해도 지나치지 않습니다. 우리가 행복하게 살기 위해서 철학은 핵심이라고 해도 과언이 아닙니다. 다만 돈처럼 겉으로 보이지 않고 드러나지 않기 때문에 무시되고 있을 뿐이죠.

자, 이번 장에서는 ChatGPT의 배경에 녹아 있는 철학에 대해서 이야기를 해 보겠습니다.

우리는 어떻게 사람을 이해하고 세상을 이해할까요? 가장 친한 친구 한 명을 떠올려 보죠. 나는 왜 이 친구를 좋아할까요? 서로 대화가 잘 되고, 좋아하는 것이 비슷하고, 함께하면 즐겁기 때문이겠죠. 그렇다면 나는 어떻게 이 친구와 취미가 비슷하고, 함께하면 즐겁다는 것을 알게 됐을까요? 이야기를 하다 보니까 알게 되는 거겠죠. 너무나 당연한가요? 그렇습니다. 철학은 이렇게 너무나 당연한 이야기를 다룹니다. 그렇다면 우리가 사람을, 더 나아가 세상을 이해하는 방식은 말과 글을 통해서라는 것도 동의하나요? 유튜브를 보더라도 결국 유튜버에 나오는 사람들의 말을 통해 이해하는 거니까 말이 핵심인 거죠. 여기까지 이해했다면, 여러분은 저명한 언어철학자인 비트겐슈타인(Ludwig Wittgenstein) 박사의 철학을 이해하신 겁니다.

비트겐슈타인 박사는 그의 저서 《논리-철학 논고》에서 언어와 세계 사이의 관계에 대해 탐구했습니다. 그는 언어가 세계를 묘사하는 수단이라고 주장하면서, 언어의 구조가 세계의 구조를 반영한다고 생각했습니다. 세상은 사실들로 이루어져 있고 언어는 그 사실을 표현하는 것이니, 언어를 이해하면 세계를 이해할 수 있다고 말했습니다. 그는 언어가 세상을 그림으로 나타낸다고 주장합니다. 말하고자 하는 것이 무엇인지 이해하고, 그

것을 다른 사람에게 전달하기 위해 사용하는 언어가 마치 그림
으로 이해하는 방식과 같다는 의미죠.

　　예를 들어 볼까요? "나는 사과를 먹었다."라는 문장은 우리
가 먹은 사과에 대한 단순한 정보를 전달합니다. 그러나 언어는
단순히 사실만을 전달하는 것이 아니라, 때로는 우리의 생각과
감정을 전달하기도 합니다. 한 입 먹은 사과 맛을 표현하면 어떨
까요? "사과는 맛이 있습니다. 이 맛은 약간 시면서도 달콤하고,
삼키면 바로 또 한 입 먹고 싶을 정도로 입맛을 자극합니다."라
는 표현은 내가 사과를 먹으면서 느낀 감정을 언어라는 구조로
설명한 것이고, 이러한 설명은 듣는 사람이 상대방을 이해할 수
있게 합니다. 마치 그림이 그려지는 것처럼요. 우리는 이러한 방
식으로 언어를 사용하여 세상을 그림으로 나타내고 이해합니
다. 이것을 비트겐슈타인 박사의 그림 이론(Picture Theory)이
라고 합니다. 별로 어렵지 않죠? 여러분이 이미 알고 있는 것을
글로, '철학적'으로 쓴 것뿐입니다.

　　그러면 이제까지 얘기한 것을 구조화해 볼까요? 우리는 세
상에 대해서 생각하고 이것을 말로 표현합니다. 그림을 그리는
식이죠. 그림은 현실과 일치합니다. 우리의 생각은 바로 사실을
(논리적으로) 그린 것이죠. 단어와 문장은 그림을 그리기 위한 도
구인 것입니다. 따라서 서로 대화를 '잘!' 하기 위해서는 단어의
뜻을 알아야 합니다. 그뿐만 아니라, 문맥 속에서 말하는 단어

그림 이론(왼쪽: 그림, 오른쪽: 현실). 우리는 그림을 그리면서 세상을 이해하죠.(그림 7)

의 함의를 이해해야 하고, 그 문맥이 의미하는 것이 무엇인지 알아야 합니다.

이제까지 설명한 비트겐슈타인 박사의 철학을 한마디로 정의하면, '세상을 알려면 먼저 언어가 무엇인지 알아야 한다', '언어를 이해하면 세상을 이해할 수 있다'입니다. 세상에는 다양한 언어가 있습니다. 셀 수 없이 많은 단어들이 있고, 그 단어들마다 쓰임새가 제각각입니다. 한 단어인데 다양한 뜻을 갖기도 합니다. 사투리인 '거시기'는 한 단어이지만, 이것이 의미하는 것은 수십 가지입니다. 한 대상을 정의할 때 경상도에서 부르는 말과 전라도에서 부르는 말이 다르기도 합니다. 우리는 아주 어릴 때부터 자연스럽게 말을 시작하고 그 과정에서 언어 체계를 이

● ○ ○ ○ **PART 1**

해할 수 있지만, 이를 체계적으로 설명하는 것은 무척 어렵습니다. 한 마디로 말해, 언어는 복잡합니다.

▶ 우리는 어떻게 언어를 배웠을까?

언어가 얼마나 의미가 있고 복잡한 것인지 이해하셨죠? 그러면 이런 의문이 들 겁니다. '언어가 이렇게 어려운데 나는 어떻게 언어를 잘하는 거지? 나 혹시 천재야?' 그렇습니다. 이렇게 어려운 언어를 특별한 노력 없이도 사용하는 것을 보면 우리 모두는 천재일지도 모릅니다. 그렇다면 우리는 어떻게 언어를 이렇게 자유자재로 활용하는 것일까요?

언어학 분야에서, 사람들이 자연스럽게 언어를 사용하는 이유를 설명하는 데 핵심적인 역할을 한 것은 노엄 촘스키(Noam Chomsky) 박사의 언어 습득 이론(Language Acquisition Theory)입니다(Ambridge & Lieven, 2011). 촘스키 박사는 언어학자로, '자연 언어의 무한한 확장성'을 강조했습니다. 자연어 사용자들이 새로운 문장을 계속해서 만들어 낼 수 있다는 것을 의미한 것이죠. 쉽게 말해 우리가 단어 수십 개를 갖고 수백, 수천 개의 문장을 만들어 낼 수 있다는 겁니다. 이러한 능력은 우리가 언어의 규칙과 구조를 이해하고 있기 때문에 가능합니다. 촘스키 박사는 바로 이러한 능력이 훈련을 통해서 배우는 것이 아니라 어린 시절 저절로 자연스럽게 습득되는 것이라고 주장합니다.

그래서 이것을 언어생득주의(生得注意, Innatism)라고도 합니다.

언어 습득 이론에 따르면, 언어 학습 능력은 선천적인 기술입니다. 촘스키 박사는 언어 학습 도구인 언어 습득 장치(Language Acquisition Device: LAD)가 일종의 시스템으로 우리 뇌에 있다고 생각했습니다. 이것으로 어떻게 아이들이 빠르게 언어를 배우고 이해하는지 설명했죠. 특정 모국어에 노출되면 신속하게 그 언어의 어순이나 문법적 사항을 자동적으로 인식해 습득하는, 태생적으로 모든 언어를 학습할 수 있는 공통된 보편문법(Universal Grammar)이 선천적으로 내재되어 이를 습득하는 것이라고 설명했습니다. 요약하면, 언어 발달은 본능적이고, 따라서 지능과 상관없이 훈련을 하지 않아도 모국어를 배울 수 있는 능력이 있다는 것입니다.

물론 언어 습득에 관련된 이론에 단지 이것만 있는 것은 아닙니다. 또 다른 이론 중 가장 오래됐으면서도 널리 알려진 이론은 행동주의(Behaviorism) 이론입니다. 1957년 스키너(B. F. Skinner) 박사에 의해서 제안된 이 이론은 언어가 다른 행동과 마찬가지로 환경의 영향을 받아서 학습된다고 말합니다. 스키너 박사는 아기가 정확한 단어를 사용하면 엄마가 활짝 웃고, 틀리게 사용하면 고쳐 주는 것과 같은 외부의 강화나 처벌에 의해 언어가 습득된다고 주장했죠. 즉, 행동 결과에 따른 강화 효과로 언어가 습득되는 행동이 조건부로 학습된다는 것입니다.

연도	이론	핵심 개념	언어 습득 방식	환경의 역할
노엄 촘스키	언어 생득주의	자연 언어의 무한한 확장성, 보편 문법	선천적 능력으로 자연스럽게 습득	최소한의 역할
B. F. 스키너	행동주의 이론	강화 이론	외부 강화와 처벌을 통해 학습	중요한 역할 (강화와 처벌)
알버트 반두라	사회 학습 이론	모방 및 관찰을 통한 학습	다른 사람의 행동을 관찰하고 모델링하여 습득	중간 정도의 역할 (모델링)

이것을 강화 이론(Reinforcement Theory)이라고 합니다. 촘스키 박사가 '사람이면 저절로 배운다.'라는 관점을 주장한 것과는 많이 다르죠?

또 다른 행동주의 심리학자인 반두라(Albert Bandura) 박사는 언어 학습이 모방, 관찰 등의 사회적 학습 과정을 통해서 이루어진다고 주장했습니다. 스키너 박사와 반두라 박사는 모두 환경의 역할을 중시했지만, 스키너 박사는 외부 요인의 강화와 처벌에 따른 학습을, 반두라 박사는 모방과 관찰이라는 심리적 메커니즘과 사회 구조적 요인이 함께 영향을 미친다고 봤습니다. 다른 사람의 행동을 관찰하고 모델링하면서 사회적 학습을 한다고 봤죠. 이것을 사회 학습 이론(Social Learning Theory)이라고 합니다.

GPT를 공부하다가 왜 언어 습득에 관한 이야기를 했는지, 이제부터 ChatGPT를 통해 설명하도록 하겠습니다. ChatGPT는 OpenAI라는 회사가 만든 모델 이름입니다. ChatGPT는 대형 언어 모델(Large Language Model: LLM)이고 동시에 생성형 AI죠. 쉽게 말해서 아이폰이 스마트폰의 한 제품명이듯이, ChatGPT는 LLM의 한 모델명입니다.

《인공지능, 너 때는 말이야》에서 머신 러닝, 지도 학습, 비지도 학습을 소개하고, 딥 러닝을 설명하면서 구체적인 사례로 CNN(Convolution Neural Network), RNN(Recurrent Neural Network), GANs(Generative Adversarial Networks) 등을 설명했기 때문에, 이 책에서 다시 다루지는 않겠습니다. 다만 LLM을 이해하기 위해서 그동안 AI가 어떻게 발전해 왔는지 큼지막하게 떼어서 설명하고자 합니다. 구체적인 내용은《인공지능, 너 때는 말이야》를 참고하세요.

AI 전문가는 그동안 AI의 성과를 높이기 위해서 다양한 모델을 개발해 왔습니다. 정답이 있는 데이터를 활용해 데이터를 학습시키기도 했고(지도 학습), 정답이 없는 데이터를 주고 알아서 학습(비지도 학습)하게도 했습니다. 최근에는 강화 학습(reinforcement learning) 방법을 통한 동기부여 방법도 적용했죠. 일종의 보상(reward) 시스템인데, 사람 평가자가 AI가 만들어 낸 산출물에 긍정적인 평가를 하면 높은 보상을 주고, 그렇지 않으면 낮은 보상을 주어서, AI가 높은 보상을 얻기 위한 전략을 수행하게 했습니다. 물론 보상을 준다고 해서 컴퓨터나 알고리즘에게 돈이나 음식을 주지는 않겠죠? 말이 보상이지 실제로는 점수를 잘 주는 것뿐입니다. 그러면 AI는 더 좋은 점수를 받기 위해 최적의 전략을 찾아간다는 의미죠.

GPT는 딥 러닝 모델이면서, 지도 학습법과 비지도 학습법을 모두 활용해서 정확도를 높였습니다. GPT는 뉴스, 블로그, 위키피디아(Wikipedia)와 같은 웹과 책에서 추출한 약 45테라바이트(terabyte: TB)가 넘는 텍스트 데이터를 학습했습니다(Olsson, 2022). 영어 사전 1,000권을 합친 것보다 많고, 소설책 약 900만 권에 해당하는 양입니다. 훈련 과정은 몇 주가 걸렸고 엄청난 양의 데이터를 처리하는 여러 GPU가 필요했죠(Saeed, 2023).

당연히 이렇게 많은 데이터에 일일이 입력해서 분류하고 식별하는 레이블링(labeling)을 하는 것은 불가능합니다. 그래서 비지도 학습을 통해서 상대적으로 더욱 효율적인 사전 학습 과정을 거치는 것입니다. 이렇게 해서 끝나면 좋을 텐데, 문제는 비지도 학습의 결과가 만족스럽지 못했습니다. 그동안 여러 종류의 LLM이 소개됐음에도 불구하고, 우리 같은 일반인이 사용할 수 있는 서비스가 나오지 못한 이유죠. 그래서 GPT-3.5는 처음에 레이블이 없는 데이터를 사용해 비지도 학습을 통해 언어를 배우는 기초 훈련을 했습니다. 이 과정에서 다양한 언어의 특징, 문법, 단어 간의 관계, 의미 등을 익혔습니다.

그 다음 단계에서는 특정 작업을 더 잘 수행할 수 있도록 조정하는 세부 훈련을 했습니다. 이것을 식별적 세부 훈련(discriminant fine-tuning)이라고 합니다. 예를 들어, 기계 번역이나 질문에 답하기, 문서 생성 같은 작업을 위해 데이터를 사용해 모델을 특정 작업에 맞게 튜닝한 것이죠. 이 단계는 지도 학습으로 볼 수 있습니다.

또한 강화 학습도 실행했습니다. 앞에서 우리는 스키너 박사를 통해서 강화 학습이 행동심리학에서 유래했다는 것을 배웠습니다. GPT-3.5는 오류의 문제를 해결하기 위해서, 특히 가짜 정답을 제공하거나 불법적·비도덕적인 답변을 제공하지 않도록 앞에서 설명한 RLHF라는 강화 학습을 더했습니다. 즉, GPT-3.5는 행동주의 이론을 바탕으로 한 기계 학습법을 통해 정교함을 높인 것이죠. 아이에게 엄마의 웃음이나 사람들의 칭찬은 일종의 보상인 것처럼, GPT 역시 RLHF의 학습 과정을 통해 보상을 받았습니다. 보상과 벌칙이라는 행동 결과에 따른 강화 효과로 GPT는 조건부 학습법을 진행했고, 결국 기존 버전의 GPT와는 다른 최적의 행동을 학습한 것입니다.

기계가 자연어를 익히는 과정은 사람의 언어 습득 과정과 유사합니다. 위에서 설명한, 사람이 언어를 습득하는 과정을 기계에 적용할 수 있는 것이죠. 기계가 사람과 똑같이 언어를 사용하게 하기 위해서는 사람이 언어를 습득하는 과정을 기계에 맞게 적용시키면 되는 것입니다. 그래서 LLM을 이해하기 위해서 사람의 언어 습득 과정을 이해하는 것은 중요합니다.

▷ AI는 스스로 언어를 터득할 수 있을까?

LLM은 엄청난 양의 데이터를 딥 러닝 기술로 학습한 가장 발전된 형태의 언어 모델입니다. 사람의 말을 이해하고 처리할 수 있게 만든 것이죠. 언어 이론으로 바라본 ChatGPT는 스스로 알아가는 방법을 취했다가 '환각'이라고 불리는 문제 때문에 강화 학습 방법으로 전환했습니다. 즉, 촘스키 박사의 방식을 따르다가, 스키너의 방식으로 전환했을 때 더욱 효과적이었던 것이죠. 이와 같은 강화 학습의 대표적인 사례는 구글 딥마인드(Google Deepmind)의 알파고(AlphaGo)입니다. 알파고는 바둑 게임에서 최대의 보상을 찾는 알고리즘이죠. 최적 결정을 내리는 데 유용하게 사용되는 강화 학습은 언어뿐만 아니라 게임, 자율주행 자동차, 로봇 제어, 금융 거래 등 다양한 분야에서 유용하게 활용되고 있습니다.

언어, 행동, 추론 능력 모두를 수행하는 로봇

AI는 정형화 데이터를 제일 잘 활용합니다

앞에서 배웠듯이 강화 학습은 행동주의 심리학에서 유래한 개념으로, 어떤 행동이 잘된 것인지 잘못된 것인지를 나중에 판단하고 보상 또는 벌칙을 줌으로써 반복을 통해 스스로 학습하게 하는 분야입니다. 그런데 문제가 있습니다. ChatGPT의 성능을 향상시키는 데 중요한 역할을 한 RLHF 과정에는 사람이 개입하죠. 사람이 개입한다는 말은 많은 것을 의미합니다. 먼저, 주관성입니다. RLHF에 참여한 연구자의 주관적인 판단이 들어갈 수밖에 없다는 것입니다. 연구를 설계하고, 데이터 입력(data labeling)을 하고, 질문을 작성하는 방법(prompting)을 설계하고, 보상과 벌칙을 제공하는 과정 등 많은 부분에 사람의 판단이 들어갑니다. 사람의 판단은 편견을 가져올 수 있습니다. 의도적이든 아니든 편향성 문제는 필연적으로 발생될 수밖에 없습니다. AI의 결과물이기 때문에 객관적이라고 생각하는 것은 틀린 생각인 것이죠. 결과물에 편향성이 내재될 수도 있다는 것은 매우 큰 문제입니다. 진보 또는 보수적 정치색을 띤 결과물이 주

로 나오고, 여성이나 소수자들에게 불리한 결과물이 나온다고 생각해 보세요. 사회 통합과 다양성 등 우리 사회가 지향하는 가치를 위협할 수도 있습니다.

비용 문제도 고려해야 합니다. OpenAI에서 공식적으로 발표하지는 않았지만, 시사주간지 타임(Time)의 기사에 따르면

OpenAI는 RLHF를 위해서 케냐의 한 외부 용역 회사와 계약을 맺었다고 합니다(Perrigo, 2023). 지금 우리가 사용하고 있는 (상대적으로 더 좋아진) 결과물을 얻기 위해 OpenAI는 2021년 11월부터 케냐의 용역 회사에 스니펫(snippet)이라고 하는 소스 코드 수만 개를 보내서, 성적인 문제나 범죄 등과 같은 '결과물로 나와서는 안 될 상황'을 사람의 판단으로 제거하는 과정을 거쳤다고 합니다. 케냐의 이 회사는 시간당 2달러(약 2,500원)도 안 되는 비용으로 케냐와 우간다, 인도 등의 가난한 노동자를 데이터 입력 직원(data labeler)으로 고용했습니다. 이 회사는 OpenAI뿐만 아니라 구글이나 메타, 마이크로소프트 등 글로벌 테크 회사의 유사한 일을 돕는 데 5만 명 이상을 동원한다고 합니다. 비용을 아끼기 위해서 저개발 국가의 노동자를 통해 품질을 개선하는 것이죠. AI라고 하면 프로그래머나 인지공학자, 언어학자 같은 엘리트들의 전유물로 생각한 우리에게 다소 놀라운 일이 아닌가요? OpenAI의 회사 가치가 약 200조 원(1,570억 달러)으로 평가되고(Pequeño IV, 2024) 프로그래머들은 수억 원의 급여를 받지만, 이러한 데이터 노동자의 근무 환경은 열악하고, 급여는 형편없습니다.

　생성형 AI의 영향력이 너무나 크다 보니, 어쩌면 우리가 너무나 급하게 완벽한 결과물을 기대한 것 같습니다. 그러나 아직

까지 걸음마 단계인 기계 언어 모델이지만, 사람과 닮아 가는 과
정이 무서울 정도로 빠르고 대단하다고 생각합니다. 아직은 더
좋은 결과물을 갖기 위해서 사람의 손이 필요하지만, 시간이 조
금 더 흐르면 그때는 어떤 기술로 우리를 놀라게 할까요? AI가
사람의 도움 없이 혼자서, 자신이 필요로 하는 기술을 위해 스
스로 학습할 수 있게 되는 날이 올까요?

하나의 유사한 사례를 통해서 미래를 예측해 보겠습니다.
좋은 AI 알고리즘을 만들기 위해서는 질 좋은 데이터를 가지고
학습을 잘 시켜야 한다고 우리는 배웠습니다. 그러나 학습 없이
도 배울 수 있는 기술이 개발되고 있습니다. 머신 러닝(machine
learning) 분야에서 전이 학습(transfer learning)이라고 하는
기법인데, 이 기법을 통하면 데이터가 많지 않아도 좋은 결과를
가져올 수 있습니다. 원샷(one-shot), 퓨샷(few-shot), 심지어
제로샷(zero-shot) 알고리즘이라고 해서 추가적인 학습이 없어
도 이미 학습한 것을 바탕으로 작업을 수행합니다.

이런 사례를 보니, AI가 사람의 도움 없이 온전하게 언어를
터득하는 것도 단지 꿈 같은 이야기는 아닐 것 같습니다. 그러
나 LLM과 관련해서 좋은 결과물을 얻기 위해서는 단지 프로그
래밍과 같은 기술만 필요하지는 않을 겁니다. 기술이 어떻게 발
전하든 언어 모델은 언어학, 논리학, 심리학, 철학을 더욱 필요
로 할 것입니다. 결국 언어의 본질을 이해하고, 우리가 사는 삶

과 우리를 포함하는 문화를 이해하지 않고서 언어를 이해하기는 힘드니까요.

그런 점에서, AI라고 해서 꼭 프로그래밍만 필요한 분야라고 생각하는 어리석음은 버리기 바랍니다. 《너 때는 말이야》 시리즈에서 일관성 있게 주장하는 것은, 여러분이 즐겁게 하는 분야, 잘 하는 분야에 데이터 사이언스와 AI가 적용될 수 있다는 것입니다.

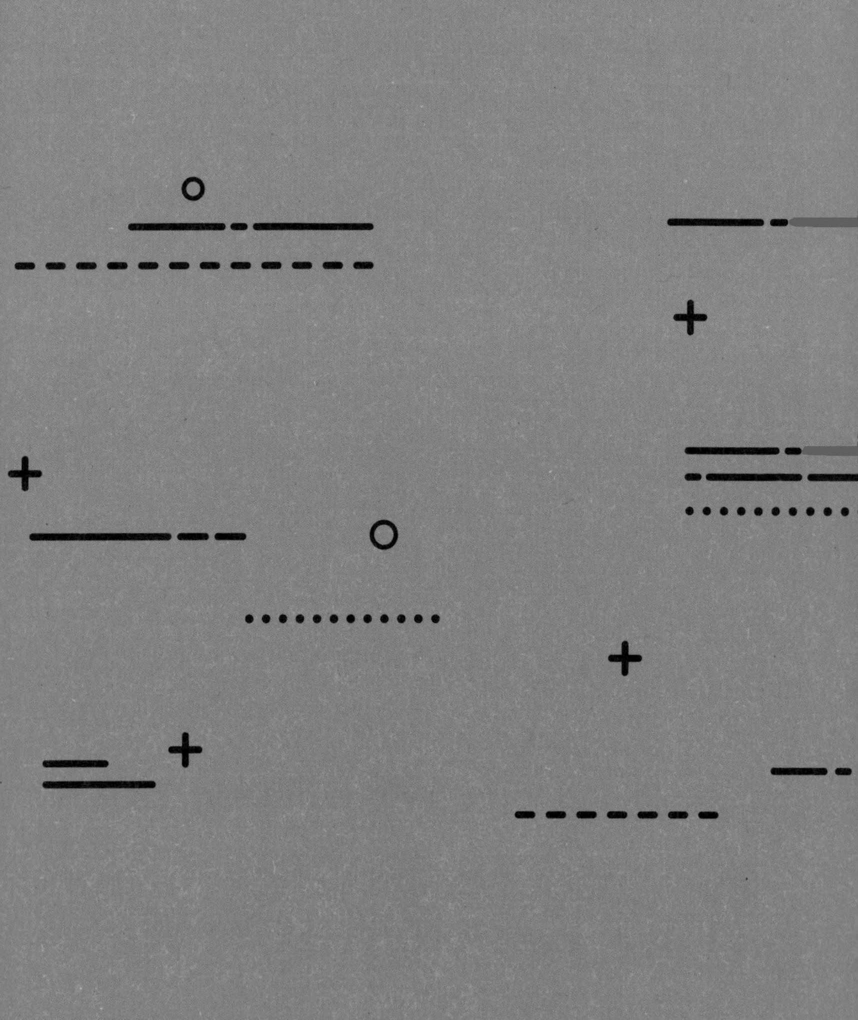

PART 2
드디어
시작된
4차
산업혁명

AI는 정말
우리의 말을 이해할까?

▷ 많이 아는 친구가 좋을까, 말 잘하는 친구가 좋을까?

제 고등학교 친구 이야기를 해 볼까 합니다. 제가 이제껏 만난 사람 중에 '아, 이런 사람이 정말 천재구나!'라고 느낀 경우가 몇 번 있었는데, 이 친구가 바로 그런 천재성을 가진 친구였습니다. 이 친구는 늘 놀았습니다. 수업 시간에 딴짓을 하지는 않았지만, 쉬는 시간, 점심시간, 그리고 밤 10시까지 했던 야간 자율학습 시간에는 늘 놀았습니다. 당시로는 드물게 이성 친구도 사귀었죠. 그런데도 이 친구는 성적이 좋았습니다. 우리들은 궁금할 수밖에 없었죠. '우리가 그 친구보다 공부를 더 많이 하는데,

왜 저 친구가 우리보다 시험 성적이 좋을까?' 그래서 물어봤더니 그 친구가 말하더군요. 시험문제를 보면, 이 내용이 책 어느 부분에 있는지 마치 영화처럼 책장이 넘겨지면서 그 부분에 멈춘다고. 의도하지 않아도 그냥 책 속의 내용이 고스란히 머리에 떠오른다고요. 천재적인 기억력이죠?

이 이야기를 한 이유는, '안다(know)'라는 것에 대해서 얘기하기 위해서입니다. '안다'와 '이해한다(understand)'는 같은 뜻일까요? 안다는 것은 지식을 단편적으로 익힌다는 의미이고, 이해한다는 것은 지식을 익힌 것에 더해 그 지식의 본질을 깨닫고 활용하여 또 다른 가치를 산출할 수 있음을 의미합니다. 안다는 것이 단순히 벽돌을 쌓는 것이라면, 이해하는 것은 건축가의 의도대로, 사용자의 목적에 맞게, 미적 감각을 잃지 않으면서도, 환경을 생각하는 등 단지 벽돌 쌓는 것을 넘어서는 의미를 내포하는 것이죠. 단지 알고만 있는 사람은 다른 사람을 가르칠 수 없습니다. 반면 이해한 사람은 듣는 사람의 수준에 맞게 다양한 사례를 통해 설명의 난이도를 조절할 수 있죠.

안다는 것과 관련된 능력에는 이해하는 능력, 창의력, 설명하는 능력, 적용하는 능력 등이 있습니다. 어떤 친구는 척 보면 알지만 적용하는 능력이 떨어집니다. 또 어떤 친구는 일일이 설명을 해야 알지만, 아는 것에 대한 응용 능력이 뛰어납니다. 이렇게 '안다는 것'이 의미하는 것은 참으로 다양합니다.

이번에는 '말하기'에 대해 얘기해 보겠습니다. 말을 잘한다는 것과 안다는 것은 같은 의미일까요? 여러분 주변에 있는 사람을 한번 떠올려 볼까요? 혹시 아는 것은 굉장히 많은데 말을 잘 못하는 사람이 있나요? 여기에서 말을 잘 못한다는 의미는 말재주가 떨어진다는 의미입니다. 아는 내용을 잘 설명하지 못하죠. 반면에 아는 것은 별로 없는데 말을 잘하는 사람도 있습니다. 그야말로 청산유수(靑山流水)입니다. 그런데 정작 말은 많지만 내용이 없습니다. 알맹이가 없다는 뜻입니다.

아는 것과 말하는 것이 별개의 능력이라면 사실 이러한 불일치가 놀랄 일이 아닙니다. 그림을 그리는 능력과 운동을 하는 능력은 별개이듯이, 말하는 능력, 즉 소통(communication) 능력도 아는 것과는 전혀 다른 영역입니다. 만일 어떤 사람이 제대로 말을 한다면 그 사람은 정말 아는 것일까요? 앞에서 소개했던 제 친구를 다시 떠올려 볼까요? 이 친구는 외우는 데는 정말 천재입니다. 마치 책을 보고 읽는 것처럼 정확하게 말을 합니다. 노력을 했든, 천재성으로 저절로 외워졌든, 이렇게 외워서 말을 하는 것은 아는 것인가요? 이해는 하는 것일까요?

▷ 중국어 방 논쟁

'아는 것'과 아는 것을 '말하는 것'은 다른 차원이라는 것을 이해했다면, 이제 다시 생성형 AI 이야기를 해 볼까요? 이번에 우리가 생각해 볼 주제는 생성형 AI가 생성하는 것은 정말 생성형 AI가 알아서 또는 이해해서 생성하는 것인가에 대한 내용입니다. 자연어 처리를 통해 이해를 해서 정보를 제공한 것인지, 아니면 그저 '입만 살아서' 떠드는 것인지에 대해서 생각해 보려고 합니다.

우리는 1장에서 튜링 테스트에 대해서 배웠습니다. 현재 소개되는 생성형 AI는 더 이상 튜링 테스트의 시험 대상이 되지 않습니다. 월등하게 뛰어난 능력을 갖고 있기 때문이죠. ChatGPT가 놀라웠던 것은 드디어 생성형 AI가 사람과 같은 자연어를 이해하고 대화를 아주 자연스럽게 했기 때문입니다. 튜링 테스트를 통과한 AI의 위대함은 결국 사람의 지능과 구분이 안된다는 점일 것입니다. 그러나 이렇게 튜링 테스트를 통과한 생성형 AI는 정말 사람과 같은 '지능'을 가진 것일까요?

이러한 의문을 가진 철학자 존 설(John Searle) 박사는 그 유명한 중국어 방(Chinese Room) 논쟁을 제기합니다. 중국어 방 논쟁은 간단한 몇 가지 설명을 통해서 비록 기계가 사람처럼 말하고 이해를 한다고 하더라도 그것은 사람의 지능이 아닌 가짜 지능이라는 점을 강조합니다.

중국어 방 논쟁은 1980년에 소개됐지만, 당시는 일종의 가

설 수준이었기 때문에 그때의 논쟁 수준은 어쩌면 지금처럼 정교하지는 않았을 것 같습니다. 지금 우리는 직접 경험했기 때문에, 당시의 철학자보다 더 적나라하게 논쟁에 참여할 수 있습니다. 그러면 지금부터 중국어 방 논쟁에 대해서 쉽게 설명해 보겠습니다.

방이 하나 있습니다. 이 방에는 중국어를 전혀 알지 못하는 여러분이 있습니다. 그리고 이 방은 두 개의 창이 양쪽에 붙어 있습니다. 하나는 방 외부에 있는 사람이 방 안에 종이를 넣는 창이고, 다른 하나의 창은 여러분이 종이를 밖으로 내보내는 창입니다. 방 외부에서 넣는 종이는 다름 아닌 중국어로 쓰여진 질문지입니다. 그리고 방 안에 있는 여러분은 중국어로 답을 작성한 후 답안지를 밖으로 내보냅니다. 이것을 각각 입력창과 출력창이라고 부릅니다.

자, 이제 질문이 생기겠죠? 중국어를 모르는 내가 어떻게 중국어를 해석하고 이해한 후, 답변을 중국어로 작성할 수 있을까? 존 설 박사는 이 질문에 대해 명쾌하게 대답합니다. 충분히 가능하다고 말이죠. 만일 이 방에 중국어로 쓰인 특정한 질문에 중국어로 대답할 수 있게 도와주는 한국어 책(규정집)이 있고, 또한 중국어로 대답을 하는 데 필요한 중국어로 된 문자 바구니가 있다고 가정해 본다면 말입니다.

밖에 있는 사람은 중국어 질문지에 대해 (완벽하게 쓰여진)

존 설 박사의 중국어 방(그림 8)

중국어 답안지를 받고서, 당연하게도 이 방에 있는 여러분을 중국인이라고 판단하지 않을까요? 물론 여러분은 중국어를 읽지도, 쓰지도 못하지만요. 여러분은 단지 규정집에 있는 그대로 중국어 질문을 해석하고, 답변을 작성한 것뿐이죠.

여기까지 이해됐다면, 이제는 다시 생성형 AI로 돌아갑시다. ChatGPT는 우리의 질문에 대해 척척 답변을 합니다. 물론 아직까지 정확도는 상당히 떨어지는 경우도 많죠. 앞에서 배운 환각 현상이 일어나니까요. 그러나 때로는 거짓말도 천연덕스럽게 진짜처럼 하면서 질문에 답변을 합니다. 깜박 속아 넘어갈 정도로 말이죠. 여러분이 짐작했다시피, 중국어 방은 ChatGPT입니다. 방 안에 있는 여러분은 CPU, GPU, 알고리즘이고, 규정집은 프로그램, 그리고 중국어로 된 문자 바구니는 서버 또는 데이터베이스입니다. 결국 존 설 박사가 주장하고 싶은 중국어 방 논쟁의 핵심은 기계가 사람의 언어를 이해할 수 없다는 것입니다. ChatGPT가 내놓은 결과물은 의미를 담은 메시지가 아니라, 규정에 따라 형식만 갖춰진 메시지란 것이죠.

▷ 강한 AI는 만들어질 수 없을까?

《인공지능, 너 때는 말이야》에서 AI 기술을 약한(weak) 인공지능과 강한(strong) 인공지능으로 나누어 설명한 바 있습니다. AI를 어떻게 보느냐에 따라 다양한 분류 체계가 존재하겠지만, 개발 목적에 따라 스타크래프트와 같은 게임 AI, 엑스레이(X-ray) 이미지를 분류하는 판독형 AI와 같이 특정 문제를 해결하기 위해 만든 약인공지능과 사람과 같은 정신·마음·의식을 갖게끔 만드는 강인공지능으로 나누는 것이 일반적입니다. 이런 분류 체계를 만든 사람은 앞에서 중국어 방 논쟁을 제기한 철학자 존 설 박사입니다. 중국어 방 논쟁을 설명하기 위해 이렇게 약한 인공지능과 강한 인공지능을 나누었죠.

ChatGPT가 사람과 대화를 할 수 있게 된 결정적인 기술은 트랜스포머 기술이라고 앞에서 설명했습니다. 입력된 단어의 가중치에 따라 확률적으로 문장을 만들어 나가는 것이죠. 이러한 기술 논리는 존 설 박사의 주장을 그대로 인정할 수밖에 없게 만듭니다. ChatGPT는 정말 이해하고 답하는 것일까요? 우리의 질문에 대해서 확률적으로 관련성이 높은 답변을 하는 것을 이해하는 것이라고 볼 수 있을까요? 이 질문에 대한 답변을 위해서 앞에서 제 고등학교 친구를 소개하고, '안다'와 '이해한다'의 의미를 파헤친 것입니다. 제 고등학교 친구는 비록 시험을 잘 보기는 했지만, 정말 그 내용이 무슨 의미인지 알고 답한 것일까요?

존 설 박사는 앞으로 어떤 생성형 AI가 나오더라도, 그 생성형 AI가 사람처럼 이해하는 것은 불가능하기 때문에 '진짜' 지능이 아니라 '가짜' 지능이라고 단언합니다. 중국어 방 밖에 있는 사람이 방 안에 있는 사람을 중국인으로 착각한 것처럼, 사람은 생성형 AI가 만들어 낸 결과물을 사람이 만든 것처럼 받아들일 수도 있지만, 실제로 그것은 진짜 사람의 지능이 아닌 가짜 지능의 결과물이라는 것입니다. 아무리 강한 인공지능이 만들어진다고 하더라도 사람의 지능과 동일할 수 없다는 의미입니다.

▷ 뭣이 중헌디?

그러면 제가 여러분께 질문을 하겠습니다. ChatGPT의 지능이 가짜든 진짜든, 그게 우리가 이것을 사용하는 데 중요한 문제일까요? 가짜 지능으로 확률에 따라 답을 내든, 정말 사람처럼 생각을 해서 답을 내든 그게 어떤 차이가 있을까요?

메타버스(Metaverse)로 이야기를 풀어 볼까 합니다. 저는 생

AI 분류 체계(표 5)

약한 인공지능   강한 인공지능

합리적으로 생각하는 시스템	인간처럼 생각하는 시스템
– 계산 모델을 통해 지각, 추론, 행동 같은 정신적 능력을 갖춘 시스템 – 사고의 법칙 접근 방식	– 마음뿐 아니라 인간과 유사한 사고 및 의사 결정을 내리는 시스템 – 인지 모델링 접근 방식
합리적으로 행동하는 시스템	인간처럼 행동하는 시스템
– 계산 모델을 통해 지능적 행동을 하는 에이전트 시스템 – 합리적인 에이전트 접근 방식	– 인간의 지능을 필요로 하는 어떤 행동을 기계가 따라 하는 시스템 – 튜링 테스트 접근 방식

성형 AI 때문에 메타버스가 가까운 미래에 사용자가 즐길 수 있는 사회적 공간이 될 수 있을 것으로 예상합니다. 전 세계 많은 사람들이 소셜미디어를 사용하는 이유는 직접 만나지 않더라도 소셜미디어를 통해 아는 사람과 관계를 유지하고, 모르는 사람과 관계를 생성하는 등 사람의 기본적 욕구인 사회성을 충족시킬 수 있기 때문입니다. 메타버스 역시 궁극적으로 이러한 공간을 만들고 싶어 합니다. 《메타버스, 너 때는 말이야》에서 주장한 것처럼, 메타버스가 이전의 가상현실과 다르게 의미 있는 공간이 되기 위해서는, 우리가 현실에서 경험하는 것을 그대로 재현할 수 있을 뿐만 아니라 현실에서 경험하지 못하는 것까지 진짜 같은 느낌으로 만들어 내야 합니다. 현실에서 친구와 직접 만나

서 대화하고 몸짓을 나누는 것처럼 진짜 같은 커뮤니케이션 활동을 가능하게 해야 할 뿐만 아니라, 하늘을 날고 깊은 바다를 헤엄치는 것과 같은 느낌도 만들어 내야 한다는 의미입니다.

이제까지는 기술적 제약 때문에, 우리가 기대한 것과 같은 메타버스를 만들지 못했습니다. 헤드마운트 디스플레이(Head-Mounted Display: HMD)를 머리에 쓰고, 손으로 리모컨을 작동시키는 방식으로는 메타버스가 절대 성공하지 못할 것이라고 저는 생각합니다. 물론 시간이 지나면 이러한 하드웨어 문제는 차츰 해결이 되겠지만, 메타버스 환경이 제대로 만들어질 수 있을지 여부가 핵심이겠죠. HMD 대신에 안경으로, 리모컨 대신에 말과 손으로 작동을 할 수 있는데, 제공되는 메타버스는 여전히 로블록스(Roblox)나 제페토(Zepeto) 수준으로 할 수 있는 것도 별로 없고, 현실과는 아예 동떨어진 공간이라면 이것을 즐기려고 사용자가 모여들까요?

저는 2030년 전에 메타버스에서 생성형 AI가 에이전트(agent)를 만들고, 이 AI 에이전트가 사람의 분신인 아바타(avatar)와 대화를 할 수 있을 것으로 예측합니다(에이전트와 아바타에 대한 설명은 3장에서 하겠습니다). 지금 ChatGPT와 채팅하고 대화하는 것이 메타버스 환경에서 조금 더 자연스러워진다고 생각하면 이해가 빠를 것입니다. AI 에이전트가 무한하게 만들어지고, 이 에이전트는 사람처럼 말하고 행동하는 거죠. 메타버스라는 사회적 공간에 다양한 개성을 가진 수많은 에이전트가 존재하니, 그중에는 나와 대화가 잘 통하는 에이전트도 있겠죠? 원하는 상대방을 더 쉽게 만나고 싶다면, 나에 대한 정보와 이상형을 최대한 상세하게 작성하면 맞춤형 에이전트도 만들어질 수 있습니다. 마치 사람과 대화하듯 우리는 AI 에이전트와 자연스러운 상호작용을 하고, 이러한 상호작용을 바탕으로 관계를 형성할 수 있습니다. 남자 주인공과 운영 체계(Operating System: OS)의 정신적 사랑을 다룬 영화 〈그녀(Her)〉가 실제로 구현되는 것이죠.

메타버스 공간에서 사람의 분신인 아바타를 만날 수도 있고, AI 에이전트도 만날 수도 있습니다. 이런 환경에서 상대방이 사람인지 기계인지 구분하는 것이 중요할까요? 상대방과 대

사람과 AI가 사랑하는 것이 가능할까요?(그림 9)

화를 이어갈 것인지 여부를 결정하는 것은 결국 나와 대화가 잘 통하느냐 여부가 아닐까요? 이렇게 되면 더 이상 상대방이 아바타인지 에이전트인지, 즉 사람인지 기계인지는 중요하지 않을 것입니다. 생성형 AI가 사람과 같은 지능(진짜 지능)을 갖고 있는지, 사람과는 다른 지능(가짜 지능)을 갖고 있는지 사용자는 개의치 않는다는 것이죠. 중요한 것은 상대방이 나를 행복하게 해주는지 여부일 것입니다.

영화 〈그녀〉의 배경은 2025년입니다. 생성형 AI 기술의 발전으로, 저는 2030년 전에 영화와 같은 경험을 할 수 있을 것이라 예상합니다. 이런 세상이 오면 현실 세계에서의 친구, 현실 세계에서의 만남만이 유일한 사회적 상호작용은 아닐 겁니다. 내 말을 진짜로 이해하든 가짜로 이해하든, 내 마음이 편해지고 나를 행복하게 한다면 그것이 중요해지고, 그렇지 않은 현실의 사회적 상호작용은 더 멀어지게 될 것입니다.

사람은 매우 복잡하고 섬세한 존재 같지만, 실제로는 매우 단순합니다. 누구라도 나를 불편하게 하는 사람은 멀리하고 싶고, 행복하게 하는 사람은 가까이하고 싶어 합니다. 나보다도 나를 더 잘 아는 에이전트가 만들어진다면, 우리가 상상하지 못했던 다양한 형태의 존재, 상호작용 그리고 관계가 만들어질 것입니다. 사람인지 아닌지는 더 이상 중요하지 않은 새로운 세상이 시작될 것입니다.

전 세계 경제 구조를 바꾸는 생성형 AI

▶ GPT라는 용어보다 생성형 AI라는 용어를 쓰자

일반적으로 GPT 또는 ChatGPT라는 용어를 많이 쓰지만, 이 책에서 저는 생성형 AI(Gen-AI)라는 용어를 주로 사용합니다. 그 이유는 GPT는 OpenAI에서 만든 특정 제품명, 즉 고고유명사이기 때문에, 일반적으로 사용하는 '자연어로 명령을 내려서 무엇인가를 생성하는 머신'의 의미로는 부적절합니다. 이런 일반적인 의미로는 생성형 AI라는 일반명사가 더 적절하죠. 여러분의 이해를 돕기 위해서 먼저 용어를 정리해 보겠습니다.

스마트폰과 아이폰이 어떻게 다른지 생각해 봅시다. 스마트

생성형 AI (글 → 글)

기업	제품
Open AI ···▸	GPT
Google ···▸	Gemini
네이버 ···▸	HyperCLOVA X CUE:

생성형 AI (글 → 그림)

기업	제품
Open AI ···▸	DALL-E
Adobe ···▸	Firefly
Midjourney ···▸	Midjourney

생성형 AI (글 → 영상)

기업	제품
Pictory ···▸	Pictory
Runway ···▸	Gen-2
Stability AI ···▸	Stable Video

텍스트 · 이미지 · 영상을 만드는 다양한 생성형 AI 예(그림 10)

폰은 기기이자 제품이면서 산업 분야인 일반명사입니다. 반면 아이폰은 애플이 만든 스마트폰 제품명으로, 고유명사입니다. 아이폰은 스마트폰이라는 큰 산업 아래에 속한 하나의 제품이니, 아이폰이 스마트폰 전체를 나타낼 수는 없습니다.

이와 같은 방식으로 생성형 AI와 GPT를 구분해 볼까요? 생성형 AI는 일반명사입니다. 앞에서 설명했지만, 생성형 AI는 자연어로 텍스트, 이미지, 동영상 등의 콘텐츠를 생성할 수 있는 AI를 말합니다. 즉, 우리가 평소 사용하는 말로 명령을 내리면 새로운 데이터를 만들어 내는 AI죠. 여기서 핵심은 만들어 내는 것, 즉 '생성'입니다. 정리해 보면, 무언가를 생성하는 AI는 모두 생성형 AI입니다.

생성형 AI의 대표적인 사례가 대형 언어 모델인 LLM입니다. LLM은 주로 텍스트 데이터를 생성하는 데 사용됩니다. 현존하는 모든 LLM은 생성형 AI입니다. 그러나 LLM이 생성형 AI의 모든 분야를 포함하지는 않습니다. 생성형 AI이기는 하지만 LLM이 아닌 것도 있습니다. 결론적으로, LLM은 생성형 AI에 속할 뿐, 생성형 AI와 동일한 것은 아닙니다.

그리고 GPT는 수많은 LLM 중 하나로, OpenAI에서 만든 제품명입니다. GPT와 비교할 수 있는 모델로는 구글의 제미나이(Gemini), 메타(Meta)의 라마(LLaMa), 네이버의 하이퍼클로바 X(HyperCLOVA X) 그리고 우리나라에는 잘 알려져 있지 않

앞다투어 출시된 다양한 LLM 제품(그림 11)

지만, 2023년 9월 아마존(Amazon)이 약 5조 2천억 원(40억 달러)을 투자한다고 해서 널리 알려진 앤트로픽(Anthropic)의 클러드(Claude)가 있습니다. 그리고 ChatGPT는 LLM인 GPT를 대화(chat)에 특화해서 만든 애플리케이션입니다. 그래서 ChatGPT를 챗봇이라고 부르죠.

너무 어려운가요? 그렇다면 한 가지만 기억하세요. GPT 말고, 생성형 AI라는 용어를 쓰자!

▶ 전기와 같은 AI

스탠포드 대학교 컴퓨터학과 앤드류 응(Andrew Ng) 교수는 AI를 연구하는 학자이자, 코세라(Coursera)라는 온라인 교육 플랫폼을 만든 창립자이며, AI 스타트업에 투자하고 육성하는 투자자이기도 합니다. 미국, 중국, 싱가포르 등 다양한 나라와 국제 포럼에서 위원으로 활동하며 전 세계 AI 관련 학계, 산업계, 정책에 중요한 영향을 미치는 석학이죠. 저는 응 박사가 하는 연구와 글, 인터뷰 등에 늘 관심을 기울이며 AI에 관한 새로운 소식을 업데이트하고 있습니다.

응 박사의 인터뷰 중에 제가 가장 공감하는 글은 'AI는 전기의 역할을 할 것'이라는 내용입니다(Ng, 2023, 09. 12). 전기는 모든 산업 영역에 침투해 있습니다. 제조업은 물론이거니와 서비스업, 농업 등 우리의 일

상생활에서 없으면 안 될 절대적 가치를 갖고 있죠. 간단히 말해서, 전기가 없으면 우리가 할 수 있는 것은 없다고 해도 과언이 아닙니다. 전기가 우리 삶을 완전히 바꿔 놓았듯이, AI도 그런 역할을 하고 있다고 응 교수는 강조합니다. 이미 AI는 의료부터 우주 산업, 예술 창작까지 거의 모든 영역에서 활용되기 시작했죠.

AI의 가장 큰 특징은 '다목적' 기술이라는 점입니다. 자동

AI는 새로운 전기와 같은 역할을 할 것입니다.(그림 12)

차나 전자 기기 등은 특정 목적에 맞게 개발됩니다. 하지만 AI 는 '다목적'이죠. 문서 내용을 정리하고, 차량 경로를 최적화하는 자율주행 기술도 제공합니다. 의료 영상을 판독하고, 예술 작품도 만들며, 정말 다양한 분야에서 두루두루 쓰이고 있습니다.

AI 기술은 다양한 분야에 접목됨으로써 전기와 같은 기반 기술로서 새로운 가치와 경제적 이익을 만들어 낼 수 있습니다.

구글 딥마인드의 데미스 허사비스 (Demis Hassabis) CEO와 존 점퍼(John M. Jumper) 연구원은 AI를 활용해 단백질 구조를 예측하는 '알파폴드2(AlphaFold2)'를 개발한 공로로 2024년 노벨 화학상을 수상했습니다. 딥마인드와 허사비스 CEO는 이세돌 기사와 대국을 한 바둑 AI 알파고 때문에 우리나라에 잘 알려져 있죠. 신약 개발의 핵심은 질병 관련 단백질을 찾고 이를 제어하는 것인데, 이를 위해서는 단백질의 복잡한 구조를 이해해야 합니다. 과거에는 이 구조를 밝히기 위해 수많은 시간과 비용이 드는 실험을 해야만 했습니다. 하지만 알파폴드2의 등장으로 상황이 완전히 바뀌었습니다. 10년간 알아내지 못한 특정 단백질 구조를 알파폴드2는 30분 만에 밝혀냈죠. 알파폴드2는 이미 190개국 200만 명 이상의 연구자들이 사용하는 필수 도구가 되었습니다. 알파폴드 덕분에 컴퓨터 작업만으로도 실제 실험한 것과 같은 결과를 얻을 수 있게 됐는데, 이것은 비단 화학 분야뿐만 아니라, 생물학, 의학, 제약학, 병리학, 면역학, 생화학, 생명과학 분야 등 매우 다양한 분야에 엄청난 영향을 줄 것입니다.

농업 분야에서는 '농업계의 테슬라'라고 불리는 존 디어(John Deere)라는 회사가 AI를 활용한 스마트 농기계를 선보이고 있습니다. 매년 1월에 라스베이거스(Las Vegas)에서 열리는 CES(Consumer Electronics Show, 소비자 가전 전시회)에서 2020년부터 5년 연속 혁신상을 받기도 한 존 디어는 컴퓨터 비전과 머신 러닝을 사용하여 잡초를 식별하고 제거하고, 이를 통해 제초제 사용량을 90%까지 줄일 수 있었습니다(John Deere,

존 디어(John Deere)의 스마트 농기계는 농업의 미래를 보여 줍니다. (그림 13)

2021). 또한 자율주행 트랙터의 최적 작업 경로와 용수 공급 최적
량을 계산하여, 경제적 이익과 환경을 동시에 고려하는 새로운 사업
모델을 시작했습니다. 전기가 농기계의 자동화를 가능케 한 것처럼,
AI가 농업의 지속 가능성을 크게 향상시키고 있음을 보여 줍니다.

이처럼 AI는 전기가 그랬던 것처럼 다양한 산업 분야에 깊
숙이 침투하여 혁신을 일으키고 있습니다. AI가 보편적 기반 기
술로 자리 잡아감에 따라, 우리는 점점 더 AI의 도움 없이는 일
상생활이나 업무를 수행하기 어려운 시대로 접어들고 있습니다.
마치 전기 없는 생활을 상상하기 어려운 것처럼, AI 없는 미래를
상상하기 어려운 시대가 다가오고 있습니다.

▶ 생성형 AI가 만드는 생산성과 효율성 혁신

자본주의 경제의 근간을 이루는 생산성과 효율성은 생성형
AI의 등장으로 인해 근본적인 변화를 맞이하고 있습니다. 이는
단순한 기술 혁신을 넘어 경제·사회·문화 전반에 걸친 패러다
임의 전환을 의미합니다. 역사적으로 산업혁명은 인류의 생산
방식과 생활양식을 획기적으로 변화시켜 왔습니다. 증기기관,
전기, 컴퓨터로 대표되는 이전의 산업혁명들이 주로 육체적 노
동의 생산성을 향상시켰다면, 생성형 AI를 중심으로 한 4차 산
업혁명은 정신적 노동의 영역에서 혁명적 변화를 가져오고 있
습니다.

생성형 AI의 핵심은 '생성적' 특성, 즉 디지털 정보를 만드는 것에 있습니다. 이는 단순히 주어진 데이터를 처리하는 것을 넘어, 새로운 아이디어와 콘텐츠를 만들어 내는 능력을 의미하죠. 이러한 특성 때문에 일반 기업의 사무직에서부터 창의성이 요구되는 분야까지 다양한 영역에서 생산성의 개념이 달라지고 있습니다.

노동생산성의 관점에서 생성형 AI의 영향은 더욱 두드러집니다. 노동생산성이란 쉽게 말해 일의 효율성을 의미합니다. 즉, 얼마나 적은 노력으로 많은 일을 해내는지를 나타내는 거죠. 영상의학과 의사가 하루에 20장의 MRI 사진을 판독한다고 해 봅시다. AI 보조 시스템을 도입한 후, 같은 시간 동안 40장의 MRI 사진을 판독할 수 있게 된다면, 의사의 노동생산성이 100% 증가한 것이죠. 사실 우리나라 대학병원에 재직 중인 영상의학과 전공 의사는 과도한 업무에 시달리고 있습니다. 극심한 피로를 호소하는 번아웃을 경험했다는 비율은 71.6%에 달할 정도죠(조운, 2023.06.24). 따라서 지금도 이미 수용하고 있지만, AI의 활용을 높이는 시스템을 도입한다면, 현재의 업무량을 대폭 줄일 수 있을 것입니다.

노동생산성이 높아지면, 같은 시간 동안 더 많은 일을 할 수 있습니다. 기업은 더 많은 이익을 낼 수 있겠죠. 전통적인 노동

생산성 계산 방식은 생성형 AI 시대에 새로운 해석이 필요합니다. AI가 수행하는 작업의 '노동 시간'을 어떻게 측정할 것인가? 또한, 사람과 AI의 협업에 의한 산출물의 가치를 어떻게 평가할 것인가? 이러한 질문들은 경제학자에게 새로운 과제를 제시하고 있습니다. 생성형 AI는 또한 '규모의 경제'와 '범위의 경제' 개념에도 변화를 가져오고 있습니다. 한번 학습된 AI 모델은 튜닝(tuning)이라는 조정 과정이 필요하지만, 큰 추가적인 비용 없이 거의 무한대로 확장 가능하며, 다양한 분야에 적용될 수 있습니다. 이는 기업의 생산 전략과 시장 구조에 근본적인 변화를 초래할 수 있습니다. 기본적으로 하나의 LLM을 만들기 위해 엄청난 비용이 드는 것은 사실이지만, 일단 만들기만 하면 그 확장성이 무한대라는 점은 장점입니다.

그러나 이러한 변화는 새로운 도전 과제도 제시합니다. 예를 들어, AI에 의해 대체될 수 있는 직업군의 문제, 데이터 편향성에 따른 AI 결과물의 신뢰성 문제, 그리고 AI 사용에 따른 윤리적 문제 등이 그것입니다. 이는 단순히 기술적 해결만으로는 충분하지 않으며, 사회적 합의와 새로운 규범의 정립이 필요한 영역입니다. 생성형 AI 확산의 문제점은 다음 장에서 더 자세히 다루기로 하고, 일단 지금은 생성형 AI가 노동생산성을 극대화할 수 있다는 장점에 관해서만 이야기하죠.

결론적으로, 생성형 AI의 등장은 4차 산업혁명의 핵심 동력으로서, 생산성과 효율성의 개념을 근본적으로 재정의하고 있습니다. 이는 경제 시스템 전반에 걸친 변화를 수반하며, 우리 사회가 이러한 변화에 어떻게 적응하고 대응하느냐에 따라 미래의 모습이 결정될 것입니다. 보통 생산성이 높아지면 국가는 더 부유해지고 번영합니다. 세계 각국 정부와 기업이 적극적으로 AI 산업을 발전시키려고 하는 이유는 바로 생산성과 효율성 향상에 있습니다.

▷ 기업이 움직인다

이제까지 우리가 살펴본 것처럼 세상은 빠르게 변화하고 있습니다. 그리고 생성형 AI는 이러한 변화를 이끄는 핵심 기술이죠. 사실 새로운 기술은 늘 있어 왔습니다. 다만 사회 혁신까지 이끌 정도로 대규모 변화를 이끈, 그래서 우리가 산업혁명이라고 부르는 경우는 이제까지 세 번밖에 없었습니다. '4차 산업혁명'이라는 말은 2016년 제46회 다보스 포럼에서 언급되면서 잘 알려졌지만, 그때까지만 해도 4차 산업혁명은 가능성의 영역이었습니다. 머리로는 이해가 됐지만, 당시의 기술 수준으로는 언제 일어날지 모를 너무나 먼 미래의 예측일 뿐이었습니다. 결국 당시 4차 산업혁명 열풍은 유행처럼 지나갔습니다.

그러나 지금은 다릅니다. 생성형 AI라는 분명한 기술이 있고, 생산성과 효율성을 향상하고 있습니다. 생성형 AI가 이제

막 도입되어 구체적인 사례가 아직 많지는 않지만, 기업은 자사의 이익을 극대화하기 위해 다양한 테스트를 진행하고 있습니다.

제가 가장 주목해서 보는 사례 연구는 세계 3대 컨설팅 그룹으로 알려진, 보스턴 컨설팅 그룹에서 ChatGPT-4를 사용한 컨설턴트와 사용하지 않은 컨설턴트의 성과를 비교한 연구입니다(Dell'Acqua, et al., 2023). 758명의 컨설턴트를 대상으로 한 이 연구는 참여 컨설턴트를 GPT-4 미활용 그룹, GPT-4 활용 가능 그룹, 그리고 프롬프트 엔지니어링을 어떻게 사용하는지 알려 준 후에 GPT-4를 활용할 수 있는 그룹 등 세 그룹으로 나누었습니다. 세 그룹으로 나눈 의미를 살펴보면, 첫 번째 그룹은 생성형 AI의 도움을 받지 않은 채, 즉 현재 일반적으로 일을 하는 상황으로 가정해서 실험을 진행했고, 세 번째 그룹은 생성형 AI 활용 방법을 교육받고 실험에 참여했습니다. 두 번째 그룹은 첫 번째 그룹과 세 번째 그룹의 중간 형태로, 생성형 AI를 활용할 수 있다는 것을 안내는 했지만, 회사 차원에서 활용을 지원하거나 장려하는 것은 아니었죠.

이들은 총 18개의 실제 컨설팅 작업을 진행했습니다. AI 능력 범위 밖에 있는 한 개의 작업 외에는 모두 AI를 활용해서 업무를 할 수 있는 작업이었는데 GPT-4를 사용한 컨설턴트는 모든 측정 방식에서 우수한 성과를 보였습니다. 평균적으

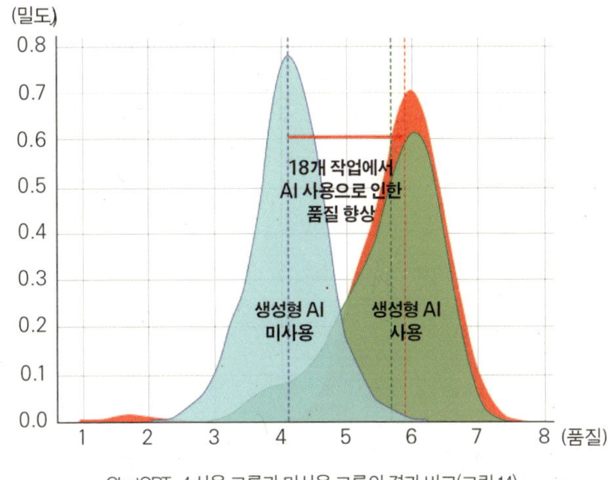

ChatGPT-4 사용 그룹과 미사용 그룹의 결과 비교(그림 14)

로 12.2% 더 많은 작업을 완료했는데, 특히 작업 완료 속도는 25.1%가 더 빨랐고, 결과물의 품질은 40%가 더 높았습니다.

컨설턴트는 반복적인 작업을 자동화하여 시간을 절약했고, 복잡한 데이터 분석을 더 빠르고 정확하게 수행할 수 있었으며, 창의적인 아이디어 생성에도 도움을 줬다고 말했습니다. 이 연구 결과는 ChatGPT-4와 같은 생성형 AI가 컨설팅 업계에서 생산성과 품질을 크게 향상시킬 수 있음을 보여 주고, 향후 컨설팅 업계의 업무 방식에 상당한 변화를 가져올 것으로 예상할 수 있습니다.

세계 최대의 경영 컨설팅 그룹인 매킨지(McKinsey, 2024)는 1,363명의 응답자를 대상으로 생성형 AI 도입 현황과 그 영향을 조사했습니다. 조사에 참여한 기업들은 전 세계의 다양한 지역, 산업, 기업 규모를 대표하며, 이 중에서 981개 기업이 최소한 개 이상의 업무 기능에서 AI를 도입했고, 878개 기업이 생성형 AI를 정기적으로 사용하고 있었습니다.

조사 시점인 2024년 3월 기준, 기업의 72%가 AI를 도입했는데, 생성형 AI의 경우 기업의 65%가 정기적으로 사용하고 있었고, 이는 불과 10개월 전과 비교했을 때 두 배 가까이 증가한 숫자입니다. 부서별로는 마케팅·영업(34%), IT(23%), 제품·서비스 개발(17%), 서비스 운영(16%), 인사(16%) 순으로 생성형 AI를 활용하고 있었는데, 특히 마케팅·영업 분야의 도입률은 2023년과 비교했을 때 두 배 이상 증가했습니다.

AI 도입의 효과는 부서별로 다르게 나타났습니다. 인사 부문에서는 가장 큰 비용 감소 효과가 있었고, 공급망과 재고 관

AI를 도입한 공급망 혁신과 물류 자동화는 수익 증가로 이어집니다.(그림 15)

리 부문에서는 5% 이상의 의미 있는 수익 증가가 있었습니다. 이러한 긍정적인 결과를 반영하듯 기업의 67%가 향후 3년 동안 AI 투자를 늘릴 계획이라고 답했습니다. 특히 AI 활용도가 높은 기업들의 특징도 주목할 만합니다. AI 활용도가 높은 기업들의 경우 더욱 주목할 만한 성과를 보여 주었는데, 46개의 고성과 기업들은 자사 EBIT(법인세 및 이자 차감 전 영업이익)의 10% 이상이 생성형 AI 활용에서 비롯되었다고 답했고, 이들 중 42%는 다른 AI를 통해 EBIT의 20% 이상의 성과를 달성했습니다.

시장 경제는 냉혹합니다. 기업의 궁극적 목적이자 존재 이유는 주주의 이익을 극대화하는 것입니다. 주주의 이익은 결국 주가를 높이는 것이고, 주가는 기업의 생산성 향상에 근거합니다. 기존에는 열 명이 해야 할 일을, 생성형 AI를 활용해서 아홉 명이 할 수 있는데 품질은 두 배가 더 좋았다면, 이는 고스란히 기업의 이익을 증가시킵니다. 생성형 AI를 운용해서 인건비를 줄일 수 있다면, 그리고 최소한 동일한 생산성을 유지할 수 있다면, 기업은 생성형 AI에 대한 투자를 아끼지 않을 것입니다. 생성형 AI의 활용이 아직 본격적으로 시작도 하지 않은 상황에서 이러한 결과가 나왔다는 것은 관련 산업의 미래를 예상하게 합니다.

고용은 줄고,
생산성은 늘고

▷ 사무직 노동자의 고백

마이크로소프트는 2021년부터 전 세계 사무직 노동자를 대상으로, 이들이 평가하는 사무 업무 환경의 변화와 미래 예측이라는 주제로 보고서를 발간합니다. 생성형 AI가 본격적으로 소개된 2023년과 2024년에 흥미로운 결과가 있어서 이 내용을 소개하고자 합니다(Microsoft, 2023, 2024). 두 해 모두 31개국 31,000명을 대상으로 한 광범위한 설문 결과인데, 특히 생성형 AI에 대한 인식 변화가 눈에 띄게 변하는 것을 살펴볼 수 있었습니다.

2023년 설문 조사에 따르면, 응답자의 64%가 일을 할 시간

● ● ○ ○ **PART 2**

과 에너지가 부족하다고 하고, 68%는 업무 중 집중 시간이 부족하며, 62%는 정보 검색에 너무 많은 시간을 소비한다고 말합니다. 상위 25% 이메일 사용자는 주당 8.8시간을 이메일에 사용하고, 상위 25% 회의 참석자는 주당 7.5시간을 회의에 참석합니다. '마이크로소프트 365'라는 업무용 앱 사용자들은 평균적으로 57%의 시간을 소통에 사용하느라, 43%의 시간만 업무 생산성을 위한 활동에 사용합니다. 이런 수치들은 사람들이 디지털 활동을 하느라 힘들어한다는 것을 보여 줍니다.

우리에게는 매일 처리해야 할 수많은 디지털 활동이 있습니다. 이메일을 읽고 답해야 하고, 문서를 작성하며, 온라인 미팅에 참석하고, 데이터를 처리해야 하며, 심지어 재미로 하는 소셜 미디어 활동까지 의무적으로 해야 할 때가 있습니다. '좋아요'를 누르고 댓글을 다는 활동마저도 때로는 일로 여겨지기도 하죠. 이렇게 우리가 꼭 해야 하는 디지털 활동을 디지털 부채(digital debt)라고 부릅니다. 이 보고서는 이러한 디지털 부채가 단순한 불편함을 넘어 비즈니스에 부정적인 영향을 미치고 있다고 지적합니다. 특히 창의성이 새로운 생산성의 척도가 되는 세상에서, 디지털 부채로 인해 혁신에 필요한 창의적 작업 시간이 줄어드는 것을 문제로 지적하고 있습니다.

이러한 디지털 부채를 경험하고 있는 사무직 노동자들은 AI에 대해서 어떻게 생각할까요? 응답자 중 49%는 AI에게 일자리를 빼앗길까 봐 걱정하지만, 70%는 업무량을 줄이기 위해 가능한 한 많은 일을 AI에게 맡기고 싶어 합니다. 76%가 행정 업무에, 79%가 분석 업무에, 73%가 창의적인 업무에 AI를 사용하는 것이 편하다고 답했습니다.

특히 리더들 중 82%는 직원들에게 AI 성장에 대비한 새로운 기술이 필요할 것이라고 말하며 AI의 중요성을 강조했습니다. 그래서인지 9억 명 이상의 회원을 보유한 세계 최대 비즈니스 소셜미디어인 링크드인(LinkedIn)에서는 생성형 AI 관련 게시물이 1년 전보다 33배 증가했고, 2023년 3월 기준으로 링크드인의 미국 구인 광고 중 GPT를 언급한 비율이 전년 대비 79% 증가했습니다.

이제 2024년 설문 조사의 결과를 살펴볼까요? 사람들은 여전히 디지털 부채에 시달리고 있습니다. 응답자 중 68%가 업무 속도와 양에 어려움을 겪고, 46%가 번아웃을 느낀다고 답했습니다. 그런데 1년 사이에 생성형 AI 사용에 관한 답변의 차이가 눈에 띄었습니다. 응답자의 75%가 직장에서 AI를 사용 중이고, 90%가 AI로 시간을 절약했으며, 76%가 직장에서 경쟁력을 유지하기 위해 AI 기술이 필요하다고 했고, 69%는 AI로 인해 승진을 더 빠르게 할 수 있다고 생각한다고 답변했습니다.

줌(Zoom)과 마이크로소프트 365를 통합한 것과 같은 서비스를 제공하는 팀즈(Teams)라는 서비스가 있는데, 팀즈의 상위 5% 사용자는 2024년 3월 한 달간 AI 기반 디지털 어시스턴트인 코파일럿(Copilot)으로 무려 8시간 분량의 회의를 요약했다고 합니다. 회의를 녹음하고 그 내용을 코파일럿으로 요약해 효율성을 높인 거죠. 코파일럿을 사용한 결과, 읽어야 하는 이메일의 양을 11%, 처리하는 시간을 4% 감소시켰고, 워드, 엑셀, 파워포인트와 같은 오피스(Office) 프로그램을 활용해서 10% 더 많은 문서를 편집할 수 있었습니다. 가장 큰 영향을 받은 기업의 경우, 이 증가율이 20%에 달할 정도로 생산성이 증가했습니다.

심지어 직원들은 회사 지시 없이도 AI로 업무를 처리하면서 이를 숨기는 경우도 많았습니다. AI 사용자의 78%는 개인적으로 AI 도구를 업무에 사용하고 있고, 52%는 중요한 업무에 AI를 사용한다고 인정하기를 꺼리며, 53%는 중요한 업무에 AI를 사용하면 AI로 대체될까 봐 걱정한다는 우려를 했습니다.

리더들의 생각도 많이 변한 것으로 나타났습니다. 66%의 리더가 AI 기술에 능통하지 못한 사람을 채용하지 않을 것이라고 답했고, 71%는 경험은 많지만 AI 기술이 없는 사람보다, 비록 경험은 적어도 AI 기술이 있는 사람을 선호한다고 답했습니다. 또한 79%가 경쟁력 유지를 위해 AI 도입이 필요하다고 하면서, 60%는 조직 리더십의 AI 구현 계획과 비전 부족을 우려했습니다.

이 보고서는 AI가 이미 직장에서 광범위하게 사용되고 있으며, 개인의 생산성과 경력에 큰 영향을 미치고 있음을 보여줍니다. 또한 조직이 AI를 효과적으로 도입하고 활용하는 것이 중요한 과제임을 강조하고 있죠. 생성형 AI 기술의 이해 당사자인 사무직 노동자의 답변을 통해 사무 업무 환경의 변화를 이해할 수 있는 계기가 되기를 바랍니다.

▷ 그래도 주인공은 사람

ChatGPT를 개발한 OpenAI는 2023년에 GPT와 같은 LLM이 미국 노동력에 미치는 영향을 조사했습니다(Eloundou, et al., 2023). 이 연구에 따르면 GPT-4와 향후 출시될 소프트웨어 도구들이 전체 일자리의 19%에 큰 영향을 미치고, 그중 최소 절반은 대체될 가능성이 높다고 예상합니다. 그리고 고소득 직종이 가장 큰 영향을 받을 것으로 예측하는데, 특히 작가, 웹 및 디지털 디자이너, 정량적 재무 분석가는 가장 위험한 직종으로 예측했습니다.

이 연구에서는 LLM의 영향을 측정하기 위해 '노출도(exposure)'라는 개념을 사용했습니다. 노출도는 LLM이 특정 작업을 수행하는 데 걸리는 시간을 50% 이상 줄일 수 있는지를 기준으로 삼았습니다. 연구 결과 LLM만으로도 평균적으로 한 직업의 14%에 해당하는 작업을 50% 이상 빠르게 처리할 수 있다고 합니다. 즉, 한 직업에 여러 가지 작업이 있다고 할

● ● ○ ○ **PART 2**

AI의 발전으로 상당수 일자리는 대체될 가능성이 있습니다.(그림 16)

때, 그 중 평균 14%의 작업은 LLM을 사용하면 기존에 걸리던 시간의 절반 이하로 줄일 수 있다는 거죠. 여기에 LLM 전문 소프트웨어까지 더하면 무려 46~55%의 작업에 영향을 줄 수 있고요. 가령 제가 강의를 위해서 파워포인트를 만드는데, 감마(gamma.app)와 같은 파워포인트 전용 생성형 AI를 활용하면 작업의 절반 정도를 도와줄 수 있다는 거죠.

더 놀라운 건, 전체 노동자의 80%가 LLM에 10% 이상 노출된 직업에 종사하고 있다는 겁니다. 여기에서 정의하는 노동자는 사무직 노동자와 기술직 노동자를 모두

포함하기 때문에, LLM의 영향을 특히 받는 직종을 사무직 노동자라고 판단하면 거의 대부분의 사무직 노동자는 영향을 받는 것이겠죠. 그리고 18.5%의 노동자는 자신의 작업 중 50%

이상이 LLM의 영향을 받을 수 있다고 예측했습니다.

특히 글쓰기·코딩·반복적인 정보 처리 작업을 하는 직업, 변호사·약사·데이터베이스 관리자처럼 전문성이 높은 직업, 과학자·연구원·기술자와 같이 R&D에 관련된 직업, 또한 연봉 약 1억 3천만 원(10만 달러) 이상의 고연봉 직업일수록 LLM의 영향을 더 많이 받는다고 예측합니다.

구체적으로 살펴보면, 사람과 GPT-4가 각각 세 개의 영역으로 평가를 했는데, 첫 번째 'LLM에 직접 노출' 그룹은 번역가가 ChatGPT를 직접 사용해서 번역하는 경우처럼 현재의 생성형 AI를 사용했을 때의 영향, 두 번째 'LLM+소프트웨어 노출' 그룹은 번역가가 생성형 AI 기반의 전문 번역 소프트웨어를 사용하는 경우처럼 특화된 생성형 AI 소프트웨어를 사용했을 때의 영향, 세 번째 '최대 잠재적 노출' 그룹은 현재 기술에 더해 미래에 개발 가능한 모든 응용 프로그램을 고려한 최대 영향으로 가정한 영향을 예측했습니다.

사람과 GPT-4가 평가한 결과 중에서 어느 하나만 옳다고 얘기하기보다는 상호 보완적으로 해석하는 것이 현명할 것 같습니다. 무엇보다도 몇몇 직업은 사람과 GPT-4가 모두 노출도가 높다고 평가했는데, 번역가와 작가, 사무원, 연구원 그리고 수학자가 대표적입니다. 이들 직업은 공통점이 있습니다. LLM이 언어를 기반으로 하기 때문에 글과 관련된 직종은 가장 큰

그룹		직업군	노출
사람이 평가	LLM에 직접 노출	통역사 및 번역사	76.5%
		설문 조사 연구원	75%
		시인 작사가 및 창작 작가	68.8%
		동물 과학자	66.7%
		홍보 전문가	66.7%
	LLM + LLM 기반 소프트웨어에 대한 노출	설문 조사 연구원	84.4%
		작가 및 저자	82.5%
		통역사 및 번역가	82.4%
		홍보 전문가	80.6%
		동물 과학자	77.8%
	가능한 최대 LLM에 직접 노출	수학자	100%
		세무 대리인	100%
		재무 정량적 분석가	100%
		작가 및 저자	100%
		웹 및 디지털 인터페이스 디자이너	100%
GPT-4 평가	LLM에 직접 노출	수학자	100%
		서신 답당 사무원	95.2%
		블록체인 엔지니어	94.1%
		법정 리포터 및 동시 캡셔너	92.9%
		교정자 및 카피 마커	90.9%
	LLM + LLM 기반 소프트웨어에 대한 노출	수학자	100%
		블록체인 엔지니어	97.1%
		법정 리포터 및 동시 캡셔너	96.4%
		교정자 및 카피 마커	95.5%
		서신 담당 사무원	95.2%
	가능한 최대 LLM에 직접 노출	회계사 및 감사	100%
		뉴스 분석가 기자 및 저널리스트	100%
		법률 비서 및 행정 비서	100%
		임상 데이터 관리자	100%
		기후 변화 정책 분석가	100%
사람과 GPT-4 사이에서 평가 결과 차이가 가장 크게 난 직업		검색 마케팅 전략가	14.5%
		그래픽 디자이너	13.4%
		투자 펀드 매니저	13%
		재무 관리자	13%
		보험 감정사 자동차 손해사정	12.6%

영향을 받게 될 것입니다. 저도 느끼는 것이지만, 연구자도 꽤나 도움을 많이 받는 직업입니다. 자료를 찾고 정리하고 글을 써야 하는데, LLM은 이것들을 너무 잘합니다. 숫자를 다루는 직종에서도 복잡한 창의적 수학 증명을 하는 것과 완전히 새로운 수학적 발견은 힘들지만, 기본적으로 LLM은 패턴을 인식하고 규칙 기반 처리에 뛰어나기 때문에 명확한 규칙과 논리적 구조를 갖고, 형식화된 언어와 기호를 사용하면서, 문제 해결 과정이 단계적이고 체계적인 수학은 잘할 수 있습니다.

흥미로운 점은, 이렇게 LLM이 뛰어난 성과를 보인다 하더라도 완전히 자동화될 가능성은 높지 않게 본다는 것입니다. 전체 작업의 1.86%만이 사람의 개입 없이 완전히 자동화될 수 있고, 71% 이상의 작업에서 LLM이 일부분을 도와줄 수 있다고 합니다. 이 결과는 매우 중요한 의미를 담고 있습니다. LLM이 우리 일을 완전히 대체하기보다는, 우리와 함께 일할 가능성이 크다는 뜻이기 때문이죠. 즉, 원하는 결과를 얻기 위해서 100% LLM에 의존하는 것보다는 지금처럼 사람이 주로 일을 하되 LLM을 잘 활용하는 것이 성과를 내는 데 더 유리하다고 판단하는 것입니다. 이 연구는 LLM이 노동 시장에 광범위한 영향을 미칠 잠재력이 있음을 보여주지만, 한편으로는 결국 사람이 어떻게 LLM을 활용하느냐에 따라 생산성이 달라질 수 있다는 사람에 의한 혁신을 강조하는 함의를 제공합니다.

시가 총액 130조 원(1천억 달러)에 달하는 세계 최대 투자 은행인 골드만삭스는 2023년 AI의 잠재적 경제 효과에 대해 분석한 보고서를 냈습니다(Goldman Sachs, 2023). 미국 노동부가 운영하는 직업 정보 데이터베이스인 'O*NET 데이터베이스'에 수록된 900개 이상의 미국 직업군과 유럽 ESCO 데이터베이스의 2,000개 이상의 직업군을 분석한 결과, AI의 도입으로 인해 향후 10년간 전 세계 연간 생산성 증가율은 평균 1.4%p, 미국은 1.5%p 증가할 것으로 예측합니다.

이러한 증가율은 역사적으로 매우 중요한 의미를 갖습니다. 1차 산업혁명 시기인 1760년부터 1840년까지 영국의 연간 노동 생산성 증가율은 약 0.58%였습니다(Crafts,

경제 성장의 핵심, AI

2004). 인류 역사상 가장 큰 영향력을 끼쳐 산업혁명이라는 용어를 사용했지만, 채 1%도 되지 않았던 것이죠. 컴퓨터와 인터넷의 광범위한 도입으로 'IT 혁명'이 일어났던 20세기 후반, 특히 1995년부터 2000년까지 기간 동안 미국의 노동 생산성 증가율은 연평균 약 2.5%였습니다(Gordon, 2000). 이러한 맥락에서 볼 때, AI로 인한 1.4%p의 생산성 증가는 산업혁명이나 IT 혁명에 견줄 만한 큰 변화입니

국내에서 연 310조 경제 효과를 기대하는 AI

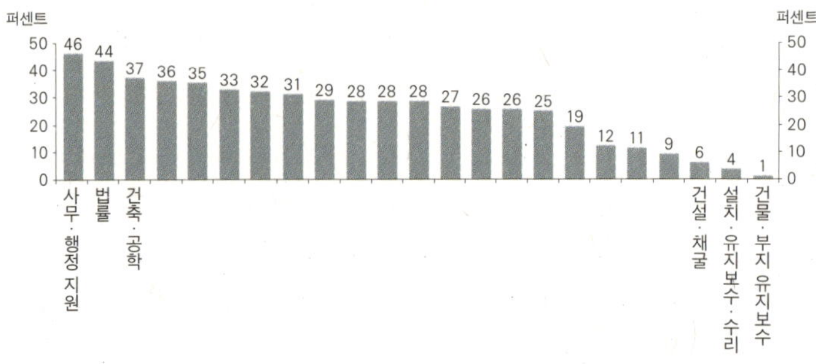

AI에 의한 자동화에 노출된 산업별 고용 비율(미국) (그림 17)

다. 특히 이러한 증가가 전 세계적으로 일어날 것이라는 점에서 그 영향력은 더욱 큰데, 보고서는 AI가 전 세계 연간 GDP를 7% 증가시킬 수 있는 잠재력을 가지고 있다고 분석합니다. 이는 약 9천1백조 원(7조 달러)에 해당하는 규모입니다.

이번에는 개별 단위의 예측을 알아보겠습니다. AI를 조기에 채택한 기업은 연간 노동자 생산성 증가율이 2~3%p 상승할 것으로 보았습니다. 또한 전 세계적으로, 현재 직업의 약 2/3인 약 3억 개의 정규직에 해당하는 일자리가 AI 자동화에 노출될 것이고, 현재 업무의 최대 1/4이 AI로 대체될 수 있다고 추정합니다. 산업별 AI 자동화 노출도는 미국의 경우, 행정(46%)과 법률(44%) 분야가 가장 높은 자동화 노출도를 보이는 반면, 건물 등의 청소와 유지보수(1%), 설치와 수리(4%) 분야는 가장 낮은 노출도를 나타냈습니다. 보고서는 또한 AI가 노동 시장을 완전히 대체하기보다는 보완할 가능성이 더 크다고 제시했습니다. 미국 고용의 7%가 AI에 의해 대체될 수 있지만, 63%는 AI에 의해 보완되고, 30%는 영향을 받지 않을 것으로 추정합니다.

이번에는 영국에서 나온 보고서(Jung & Desikan, 2024)를 살펴볼까요? 이 보고서는 O*NET 데이터베이스와 영국 통계청의 노동력 조사(Labour Force Survey) 데이터를 연계하여 22,000개의 과업을 분석했습니다. 지금 우리가 사용하고 있는 ChatGPT와 같은 '현재 사용 가능한 생성형 AI'와 자율성과 판단 능력이 더 뛰어난 '미래 생성형 AI(Integrated Gen-AI)'를 나누어서 분석했습니다. 예측 결과를 보면, 현재 AI 기준으로 영국 경제의 11%의 업무가 노출되고, 미래 AI 기준으로는 59%의 업무가 노출되며, 현재 기술만으로도 비서(69%), 인사 관리(68%), 연구(65%), 마케팅(65%), 작가 및 번역(65%) 등은 직업별 노출도가 높게 나타났고, 사무(35%), 고객 서비스(32%), 행정(27%) 등의 생산성이 높은 증가율을 보이는 것으로 예상하고 있습니다.

마지막으로 AI 도입 시나리오를 예상했는데, 시나리오는 세 개로 나누었습니다. 생성형 AI가 사람의 능력을 보완하고 향상시켜 일자리를 대체하지 않고 오직 생산성 향상에만 기여하는 상황인 '증강만 있는 시나리오(Augmentation only scenario)', AI가 오직 일자리를 대체하기만 하고 생산성 향상에는 기여

	현재 사용 가능한 생성형 AI		미래 생성형 AI	
	대체로 인한 고용 변화	증강으로 인한 생산성 변화	대체로 인한 고용 변화	증강으로 인한 생산성 변화
증강 시나리오	0	156.4조원 (920억파운드) (GDP의 4%)	0	518.5조원 (3,050억파운드) (GDP의 13.4%)
대체 시나리오	−1,500,000	0원	−7,900,000	0원
중심 시나리오: 증강과 대체	−545,000	108.8조원 (640억파운드) (GDP의 3.1%)	−4,400,000	244.8조원 (1,440억파운드) (GDP의 6.3%)

하지 않는 상황인 '대체만 있는 시나리오(Displacement only scenario)', 그리고 마지막으로 가장 현실적인 상황으로, AI가 일부 일자리를 대체하면서 동시에 전체적인 생산성도 향상시키는 '중심 시나리오: 증강과 대체(Central scenario: Augmentation and displacement)' 상황입니다. 결과는 매우 놀랄 만한 생산성 변화를 예측했는데, 현재 기술만으로도 증강 시나리오는 GDP의 4%, 중심 시나리오는 3.1%가 증가하고, 미래 기술로는 자그마치 각각 13.4%와 6.3%가 증가하는 것으로 예측했습니다.

생성형 AI로 인한 고용과 생산성에 관한 보고서는 일관되게 고용의 감소와 생산성의 증가를 예측하고 있습니다. 정확도는 예단할 수 없지만, 보이지 않는 변화가 현재 진행되고 있고, 그 변화의 영향력이 미칠 가장 큰 대상은 책을 읽는 여러분이라는 것은 명백해 보입니다.

▷ 결국 시간과 크기

새로운 기술은 늘 새로운 일자리를 만들어 냈죠. 그렇다면 이번에는 생성형 AI가 만들 새로운 일자리를 알아볼까요? 2023년, 다보스 포럼으로 유명한 세계 경제 포럼은 전 세계 45개 국가의 27개 산업군, 803개 기업(총 1,130만 명의 근로자)을 대상으로 2023~2027년 일자리 변화를 조사했습니다. 이는 지금까지 진행된 미래 일자리 관련 연구 중 가장 광범위한 조사로, 기술 트렌드가 일자리에 미치는 영향을 이해하는데 좋은 자료로 평가합니다(World Economic Forum, 2023).

국제 노동 기구(ILO)의 공식 고용 데이터베이스(8억 2천만 명)를 기반으로 하여 6억 7300만 노동자에 대한 일자리 전망을 제시한 이 보고서는 2027년까지 6900만 개의 일자리가 새로 생기고, 8300만 개가 감소하여 순감소는 1400만 개(현재 고용의 2%)로 예상합니다. 2027년까지 전체 노동 시장의 23%가 구조적 변화를 겪을 것으로 예측하는데, 특히 교육, 농업, 디지털 상거래 분야가 크게 성장할 것으로 예상합니다. 교육 분야는 10% 성장하여 직업교육 교사와 고등교육 교사를 중심으로

300만 개의 일자리가 새로 생기고, 농업 분야는 30%의 높은 성장률을 보이며, 특히 농업 장비 운영자를 중심으로 300만 개의 새로운 일자리가 창출될 것으로 예측합니다. 또한 이커머스 전문가, 디지털 전환 전문가, 디지털 마케팅 전략 전문가 등 디지털 관련 직무에서 약 400만 개의 일자리가 새로 생길 것으로 전망합니다.

직무별로 보면, AI와 머신 러닝 전문가가 가장 빠른 성장을 보일 것으로 예상하며, 지속 가능성 전문가, 비즈니스 인텔리전스 분석가, 정보 보안 분석가가 그 뒤를 이었습니다. 특히 재생 에너지로의 전환에 따라 재생 에너지 엔지니어와 태양광 에너지 설치 및 시스템 엔지니어의 수요도 빠르게 증가할 것으로 예측합니다. 이러한 변화는 기업의 기술 도입 계획과도 일치하는 결과입니다. 조사 대상 기업의 75% 이상이 2027년까지 빅 데이터, 클라우드 컴퓨팅, AI를 도입할 계획이며, 특히 AI 도입 기업의 50%는 일자리 증가를, 25%는 감소를 예상하고 있습니다.

앞에서 설명한 골드만삭스의 보고서에서는 일자리 증가에 관한 매우 의미 있는 역사적 사례를 설명합니다. 1940년 이후 현재까지의 고용 데이터를 분석한 결과, 오늘날 노동자의 60%는 1940년에는 존재하지 않았던 직종에서 일하고 있으며, 지난 80년간 발생한 고용 증가의 85% 이상이 새롭게 만들어진 직종에서 발생했다는 것입니다. 이는 기술 혁신이 초기에는 일부 일자리를 대체하지만, 장기적으로는 새로운 직종을 만들어 내며 더 많은 일자리를 만든다는 것을 보여 줍니다. 예를 들어, 정보 기술의 발전으로 서버 관리자, 소프트웨어 개발자, 디지털 마케팅 전문가와 같은 새로운 직종이 생겼고, 이로 인한 소득 증가는 의료, 교육, 서비스 분야의 일자리 증가로 이어졌습니다. 결국 생성형 AI의 노동 시장 영향은 단순한 일자리 감소가 아닌 재편의 형태로 나타날 것이라는 점을 강조합니다.

미래의 일을 누가 알 수 있겠냐마는, 저는 생성형 AI로 인한 일자리의 문제는 매우 심각한 위협이 될 것으로 예측합니다. 이렇게 예측하는 가장 큰 이유는 생성형 AI 기술은 매우 빠른 속도로 발전하고 있지만, 이를 습득하고 활용할 수 있는 사람의 능력은 상대적으로 느리기 때문입니다. 이로 인해 생성형 AI가 사람의 업무를 대체할 수 있는 속도가 사람의 노동력의 재편 속도를 크게 앞지르게 되는 것이죠. 즉, 문화 지체 현상이 일자리 문제로 이어지리라 예상합니다.

문화 지체 현상(Cultural Lag)은 기술 발전 속도와 사람의 문화적 수용 및 적응 속도 간의 괴리로 인해 발생하게 되는 현상을 가리킵니다(Ogburn, 1957). 즉, 기술이 빠른 속도로 발전하지만 사회적 수용과 활용은 더딜 경우, 기술의 혜택이 사회 전반에 충분히 확산되지 못하고, 기술과 사회 간의 불균형 때문에 발생한 현상을 말합니다. 스마트폰이 보급되는 과정에서 공공 장소에서 큰 소리로 통화하는 것, 일회용 용기의 보급과 재활용 문제, 생명과학 기술 발전에 따른 고령화와 노인 고독, 빈곤 문제와 의료비 증가 등의 사회 문제 모두가 문화 지체 현상의 예입니다.

2022년 11월 30일에 ChatGPT가 출시된 이후, 정말 많은 생성형 AI가 소개되었고, 많은 분야에서 큰 충격을 주었습니다. 이렇게 짧은 기간 동안 전 세계 정부와 산업계를 흔든 기술은 없었습니다. 더욱 중요한 것은 생성형 AI의 개발 속도는 전문가의 예상보다 더 빨라지고 있다는 것입니다. 그러나 현실은 어떻습니까? 대부분의 사람들은 생성형 AI의 존재 가치를 알지 못합니다. 막연하게는 알고 있지만 자신의 일에 어떻게 활용할지 모르는 상태에서 생성형 AI는 우리의 일상에 파고듭니다.

과거의 기술 혁신은 사람이 새로운 기술을 학습하고 적용할 수 있는 시간적 여유가 있었습니다. 처음 컴퓨터가 도입되었을 때는 워드프로세서, 스프레드시트 등 기본적인 프로그램을 배우는 것으로 충분했고, 이를 위한 교육 인프라도 차근차근 구축될 수 있었습니다. 하지만 생성형 AI는 다릅니다. 새로운 모델이 나올 때마다 그 기능과 활용 방법이 급격히 진화하고 있으며, 이는 전통적인 규칙을 따르지 않습니다. 더군다나 생성형 AI는 단순히 새로운 도구를 배우는 차원을 넘어, 일하는 방식 자체를 근본적으로 변화시키고 있습니다.

'학습과 적용의 시차'는 단기적으로는 실업률 상승, 장기적으로는 지속적인 일자리 감소로 이어질 수 있습니다. 기술 발전이 인력 감축이 아닌 일자리 재편을 가져와야 하지만, 그 속도를 사람이 따라잡지 못하면 심각한 사회 문제로 발전하는 것이죠. 결국 이 속도를 얼마나 좁히느냐에 따라 일자리 대체의 크기가 좌우될 것이고, 개인의 차원에서는 이러한 기술을 잘 따라가는 현명한 사람만이 해고의 위협을 벗어날 수 있을 것입니다.

기술의 변화를 사람이 제대로 따라가지 못하면 대체되는 산업과 직종의 크기는 광범위할 것입니다. 가장 좋은 것은 기업과 정부가 기술 발전의 속도와 사람의 적응력을 동시에 고려한 종합적인 접근을 하면 되겠지만, 포악한 자본주의는 이것을 기다리지 않을 것입니다.

그래서 저는 생성형 AI와 일자리에 관한 내용은 다음과 같이 정리합니다. 첫째 생성형 AI는 고용과 생산성에 영향을 미치지만, 둘째 생성형 AI가 노동 시장을 완전히

대체하기보다는 보완할 가능성이 크며, 셋째 사람이 주로 일을 하되 생성형 AI를 잘 활용하는 것이 성과를 내는 데 중요한 역할을 할 것이고, 마지막으로 이렇게 긍정적인 결과를 가져오기 위해서는 생성형 AI에 대한 이해와 활용이 필수라는 점입니다. 그래서 저는 이 책을 읽는 독자 여러분이 당장 생성형 AI와의 협업을 통해 생산성과 효율성을 높이는 작업을 하기를 권합니다.

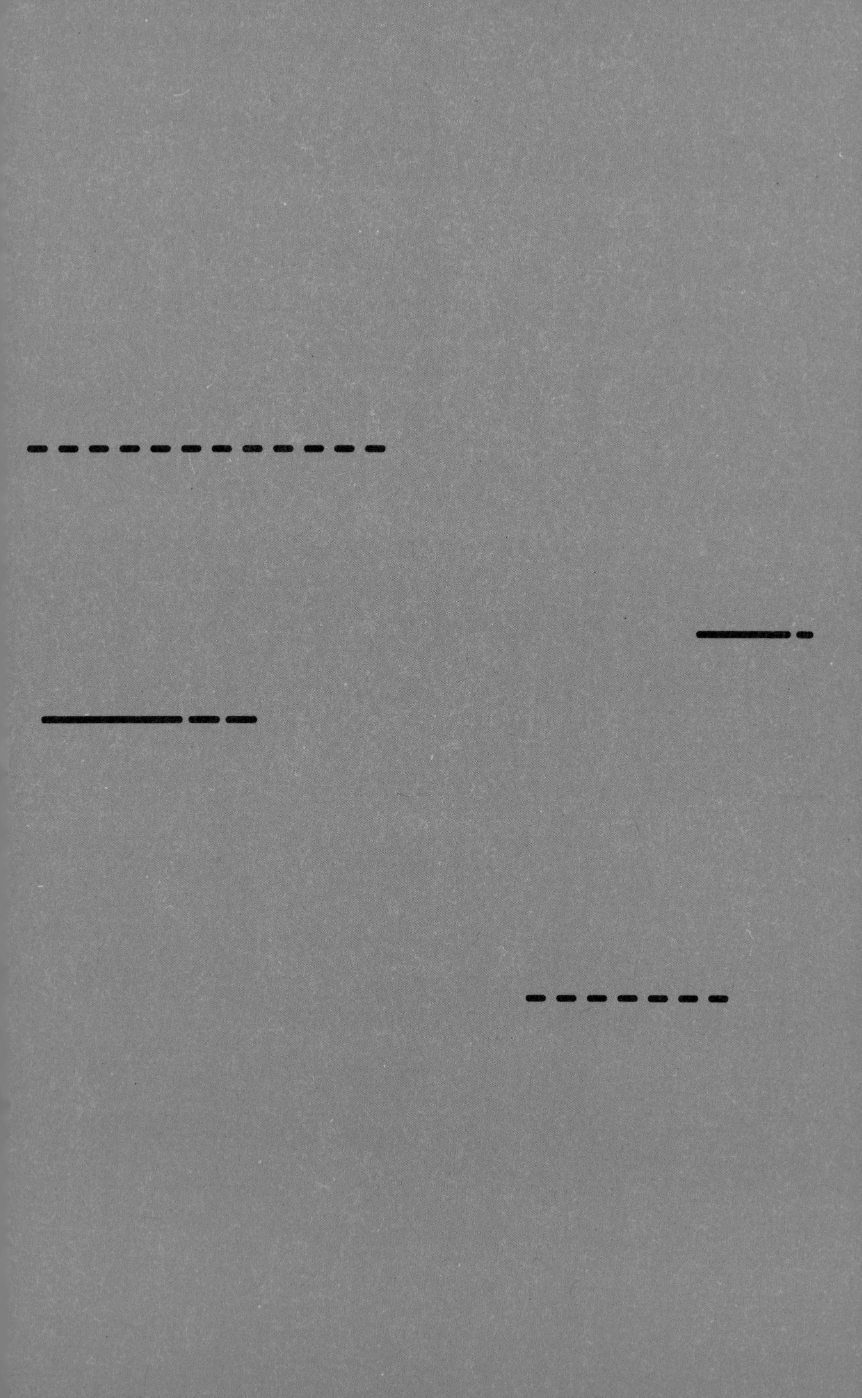

PART 3

죽어라 뛰어야만 그나마 제자리, 붉은 여왕 가설

당신이 기계라는 것은 중요하지 않아

▶ 아바타 vs. 에이전트

로블록스(Roblox)와 같은 온라인 환경에서든, 메타의 호라이즌 월드(Meta Horizon Worlds)와 같은 가상 환경에서든 디지털로 만들어진 대상물을 지칭하는 '아바타'라는 표현을 많이 들어봤을 겁니다. 영화 〈아바타〉를 생각해도 좋습니다. 그렇다면 혹시 '에이전트'라는 말도 들어 봤나요? 생성형 AI 기술이 포함된 디지털 캐릭터 또는 로봇 역시 모두 에이전트라는 표현을 쓸 수 있기 때문에 이 용어는 앞으로 다양한 분야에서 사용될 것입니다. 앞에서 잠시 언급하기는 했지만, 이번에는 에이전트에 대해서 자세히 이야기해 볼까 합니다.

세계적인 정보 기술 연구 및 자문 회사로, 주로 IT 산업과 관련된 시장 조사, 분석, 컨설팅 서비스를 하는 회사인 가트너(Gartner)는 매년 '가트너 10대 전략 기술 트렌드(Gartner Top 10 Strategic Technology Trends)'라는 제목으로, 기업이 주목해야 할 핵심 기술 트렌드를 발표합니다. 정부나 산업계는 물론, 학계에서도 매우 주목도가 높은 이 보고서는 2025년의 첫 번째 트렌드로 에이전트 AI(Agentic AI)를 꼽았습니다(Alvarez, 2024.10.21).

아바타와 에이전트를 비교하여 간단히 정의하면, 아바타는 실제 사람이 조종하는 디지털 분신, 즉 여러분이 게임이나 메타버스에서 만드는 캐릭터입니다. 여러분이 조종하기 때문에, 여러분의 생각과 행동을 그대로 반영하는 디지털 세계의 '나'라고 볼 수 있죠. 반면에 에이전트는 AI가 만들어낸 가상의 캐릭터입니다. '기계'라는 표현도 씁니다. 초기에 AI를 머신 러닝이라고 말하곤 했는데, 이를 줄여서 '머신'이라는 표현을 한 것은 아닐까 추측합니다. 에이전트든 기계든 간에 AI에 의해 마치 실제 사람이 조종하는 아바타처럼 행동하지만, 실제로 조종하는 건 사람이 아니라 컴퓨터 알고리즘이죠. 챗봇이나 가상 비서 같은 것이 대표적인 에이전트라고 할 수 있습니다. 영화 〈아이언맨〉에 나오는 자비스를 기억하시나요? 주인공 토니 스타크의 모든 일을 도와주는 AI 비서 자비스가 바로 생성형 AI 기반 에이전트의 대표적인 예입니다.

저는 생성형 AI가 우리 일상에 가장 빨리 그리고 가장 많이 활용되는 분야로 에이전트를 예상합니다. 생성형 AI는 가상 에이전트 개발을 혁신해서, 미묘한 자연어 대화를 가능하게 하고, 상황에 맞는 감정을 보여 주며, 복잡한 맥락적 단서와 상호작용을 바탕으로 마치 사람 사용자처럼 행동할 수 있게 할 것입니다. 몇 개의 예를 통해 설명하겠습니다.

먼저 제가 즐겨 사용하는 서비스인 헤이젠(app.heygen.com)입니다. 헤이젠은 사용자의 모습과 목소리를 그대로 재현할 수 있는데, 텍스트만 입력하면, 에이전트가 마치 실제 사람이 말하는 것처럼 그 내용을 말하는 영상을 만들어 줍니다. 제가 잘 활용하는 기능은 다국어 지원입니다. 사용자가 한글로 작성하면, AI가 영어나 다른 외국어로 번역해서 말을 하죠. 입 모양까지 그 언어에 맞게 자연스럽게 보이도록 바꿔 주기 때문에 외국인을 대상으로 하는 기업에서 매우 유용하게 활용할 수 있습니다.

뉴질랜드 회사인 소울머신즈(www.soulmachines.com)는 디지털 휴먼을 만드는 회사입니다. 이 회사가 만든 AI 에이전트는 이미 많은 기업에서 활용하고 있는데, 세계 보건 기구(WHO)에서 코로나19 정보를 제공하고, 뉴질랜드 은행의 고객 대상 서

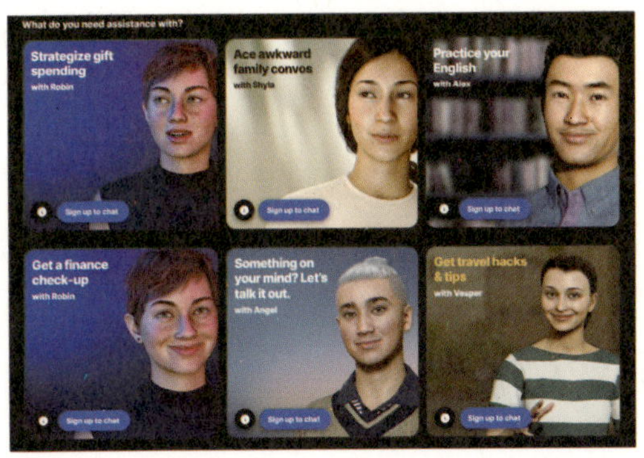

AI 에이전트를 소개하는 소울머신즈(soulmachines)의 홈페이지(그림 18)

비스를 제공하기도 합니다. 특히 2024년 3월부터는 유명인의 디지털 권리를 구매한 후 GPT를 연결해 사용자와 상호작용을 하는 서비스를 제공하고 있습니다. 영화배우 마릴린 먼로, NBA 스타 카멜로 앤서니, 종합 격투기 선수 프란시스 은가누 등을 디지털 휴먼으로 만들어서, 카메라와 마이크를 통해 사용자의 감정을 읽고 그에 따라 반응하는데, 약 20분 정도 대화할 수 있습니다. 레플리카(replika.com), 캐릭터AI(character.ai), 파이(pi.ai) 등도 생성형 AI 기반 비서 서비스인데, 사용자의 기분까지 파악할 수 있는 기술을 통해서 사용자와 자연스러운 대화를 가능하게 합니다.

2024년 10월 Claude AI는 단순한 명령만으로도 알아서 실행하는 에이전트를 출시했습니다. 여기에는 아직 형상화된 캐

릭터가 등장하지는 않았지만, 상호작용의 원활함을 위해서 캐릭터는 반드시 등장할 겁니다. 텍스트가 아닌 말로 명령하는 환경에서는 모니터와 대화하기보다는 대화할 상대방이 있는 것이 더 좋은 사용자 환경이기 때문입니다.

생성형 AI 기술이 발전할수록 에이전트의 활용도는 더욱 높아질 것입니다. 카카오톡 창의 빈 공간에서 친구와 문자로 대화하는 것과, 그 친구와 영상으로 대화하는 것은 전혀 다른 경험을 선사합니다. 사용자가 부담되지 않으면서도 즐거울 정도의 대면 커뮤니케이션 상황을 만든다면 사용자 경험은 더욱 즐거워지지 않을까요? 아직은 사람처럼 자율적이지도 않고, 추론 능력도 제한적이라서 신뢰성이 떨어지고, 장기 기억력에도 한계가 있지만, 이제까지 생성형 AI가 발전해 온 속도에 비추어 보면 2030년 정도면 사람과 대화하는 것과 차이를 느끼지 못할 정도의 기술 수준이 되리라 예상합니다. 물론 가상 환경에서의 만남은 모든 것이 거짓일 수 있다는 각오는 해야겠죠?

▷ 남성과 여성 말고 또 다른 성도 존재한다

2022년 방영된 tvN 4부작 드라마 〈XX+XY〉는 남성과 여성의 생식기를 모두 갖고 태어난 간성인(intersex)을 다룬 드라마입니다. 사람을 오직 남성과 여성으로만 구분 짓는 이분법적인 가치관을 가진 사람은 이해할 수 없겠지만, 2024년 유엔 인권 이사회는 신체 특성상 남성이나 여성으로 구분할 수 없는 간성인의 권리를 보호하기 위한 결의안을 채택했습니다(United Nations Human Rights Council, 2024.04.05). 이 보고서에 따르면, 전 세계 아기의 1.7%가 생식기와 같은, 남성과 여성 모두의 신체적 특성을 함께 갖고 있어 남녀 어느 한쪽으로 정의할 수 없는 간성인으로 태어나는 것으로 추정합니다.

종교와 상식 차원이 아닌 과학은 이미 간성인의 존재를 인정합니다. 그래서 우리나라에서는 아직 낯설지만, 대부분의 선진국에서는 성별을 표기하는 데 있어 최소 세 개에서 네 개로 구분하여 성별을 표기합니다. 남성과 여성 외에 '제3의 성' 또는 '대답하기 싫음'을 선택할 수 있게 하죠. 여러분이 인정하든 인정하지 않든, 세상에는 남성과 여성 외에 간성인, 트랜스젠더, 젠더퀴어 등 출생 당시 성별과 자신이 생각하는 성별이 다르다고 느끼는 사람들이 존재합니다.

남성과 여성이라는 이분법적인 가치관을 갖고 있는 사람은 이런 상황이 곤혹스럽습니다. 지금 세상이 비정상적이라고 생각하죠. 비정상적이기 때문에 이것을 고치지 않으면 위험에 빠질 것이라고 생각합니다. 이런 사람의 마음을 평온하게 할 수 있는 방법은 두 개입니다. 다시 옛날처럼 세상을 남성과 여성으로만 구분 짓도록 만들거나, 또는 다양한 성이 존재할 수 있다고 스스로 생각을 바꾸는 것입니다. 자신의 생각을 바꾸기 위해서는 확실한 과학적 근거가 필요함과 동시에, 자신이 알지 못하는 성적 정체성이 존재할 수 있다는 인문학적 논거가 필요하겠죠. 에이전트를 바라보는 관점도 이와 동일합니다.

존재하지 않았던 것을 상상하기는 힘듭니다. 우리의 상상력은 과거, 즉 우리가 경험한 것에 기반하기 때문이죠. 그래서 철학·심리학·인류학과 같은 인문학이 중요합니다. 우리가 만든 모든 것은 결국 사람을 위한, 사람이 사용할 기술이기 때문에, 사람을 이해한다면 그 예측의 정확성을 조금이나마 올릴 수 있는 것이죠.

이제까지 우리는 사람끼리 소통하고 상호작용하며 지냈습니다. 생성형 AI 기술의 발전으로 이제 사람이 아닌 기계와 소통하고 상호작용할 수 있게 됐죠. 그렇다면 사람과 기계 간의 상호작용을 우리는 어떻게 이해할 수 있을까요? 단순하게 생각하면 '그깟 것 그냥 하면 되는 거지, 뭘 그렇게 심각하게 생각해?'라고 할 수도 있지만, 인류가 맞이한 최초의 사건을 그렇게 간단히 넘길 수는 없겠죠. 기계가 사람의 언어를 말하고 이해한다는 의미는 혁명적인 발상입니다. 바로 새로운 인류의 출몰을 의미하기 때문이죠. 생각해 볼까요? 사람은 단지 사람이라는 이유 때문에 그 자체로 존엄성을 지닌, 지구에서 유일하게 차별적인 존재였습니다. 이 지구는 사람과 나머지로 구분이 되는 거죠. 이러한 이분법적인 가치관을 갖게 된 것은 인류 역사에서 그리 오래되지 않았습니다.

그런데 기계의 출현은 이런 이분법적 가치관을 송두리째 깨버립니다. 이제까지 우리가 믿어 왔던 철학, 세계관, 심지어 종교까지 모두 바꿀 수 있는 것이죠. 이런 신인류의 출현을 어떻게 이해할 수 있을까요? 현대 철학자인 브루노 라투르(Bruno Latour) 박사의 행위자-네트워크 이론(Actor-Network Theory: ANT)이라는 놀랍도록 매력적인 관점을 소개합니다(Latour, 2005).

▷ 행위자 그리고 네트워크

1998년 퓰리처상 수상작《총, 균, 쇠》는 인류 역사를 이해하는 세 개의 축이 무기·병균·금속이라고 보고, 생물학·지리학·인류학·역사학 등 다양한 학문의 이론을 통해 인류의 발전 과정을 설명합니다. 예를 들어, 농업 기술의 발전은 특정 지역의 기후, 동식물 분포, 지형 등 다양한 요인에 의해 발전하기 때문에 지역에 따라 사용하는 기술이 다릅니다. 농업 기술의 발전으로 수확물이 풍족하게 되면, 그렇지 못한 부족에 의해서 침략당할 수도 있겠죠. 따라서 이러한 농업 기술의 발달은 제철 기술, 무기를 만드는 기술 등에 영향을 주게 되고, 반대로 영향을 받기도 하면서 인류 문화는 발전하게 됩니다.

이렇게 과학 기술은 단지 그것만으로 가치를 유지하는 것이 아니라, 개인과 사회에 영향을 미치고 또한 받게 되죠. 이처럼 과학·기술·사회·인류·문화 등 다면적이고 이질적인 분야를 모두 다루며, 사람과 사람을 포함한 환경에 이르는 광범위한 문제를 연구하는 학문을 과학기술학(Science and Technology Studies, STS)이라고 합니다(Rohracher, 2015). 그리고 라투르 박사의 행위자-네트워크 이론은 바로 이 과학기술학의 한 분야입니다.

행위자-네트워크 이론은 자연과 사회, 인간과 비인간 사이의 전통적인 이분법에 도전하는 독특한 관점을 제공합니다. 이 세상을 구성하는 복잡한 관계인 네트워크에 초점을 맞추며 세상을 이해하려고 하죠. 먼저 이론을 구성하는 두 개의 중요한 축을 알아볼까요? 행위자-네트워크 이론이므로 행위자와 네트워크가 중요하겠죠? 먼저 행위자는 인간과 비인간 요소 모두를 포함합니다. 그리고 이들이 형성하는 복잡한 관계를 네트워크라고 부르죠. 라투르 박사는 이러한 네트워크가 어떻게 형성·유지·변경되는지 분석함으로써 사회 현상의 본질을 이해할 수 있다고 주장합니다.

이 내용을 쉽게 설명해 보겠습니다. '노로바이러스'는 위와 장에 염증을 만들어 식중독을 만듭니다. 식중독에 걸리면 구토와 설사 등으로 일상생활을 하기 힘들죠. 제가 만일 식중독에 걸렸다면, 저는 휴강을 해야 할 겁니다. 이런 상황에서 우리는 간단하게 식중독 때문에 '너때말 선생님'이 강의를 못하고 집에서 쉰다는 식으로 표현하죠. 이 상황에서 중요한 것은 사람인 '너때말 선생님'이기 때문입니다. 그러나 이를 구체적으로 살펴보면, '노로 바이러스'가 '너때말 선생님'에게 영향을 미친 것이죠.

행위자-네트워크 이론은 이러한 관계에서 '너때말 선생님'뿐 만 아니라 '노로바이러스' 역시 중요한 행위자로 봅니다. 사람이 아닌 존재지만, 사람의 행동에 영향을 미쳤기 때문이죠. 휴강을 했기 때문에 수업을 듣는 40명의 학생이 갑자기 휴강을 통보받 아서 얼떨결에 75분 수업 시간이 비게 됐습니다. 이 학생이 카페 에 갔다면 카페는 뜻밖에 수익을 얻게 된 것이고, 학생은 비용을 지출한 것입니다. 또한 나중에 보강을 해야겠죠? 몇몇 학생이 원 래 있던 약속을 취소한 후 보강에 참석했다면, 이 수업과는 전혀 상관이 없는 학생의 친구가 영향을 받게 되는 것이죠.

'노로바이러스'와 '너때말 선생님'이라는 두 개의 행위자는 '너때말 선생님'과 연관된 학생, 학생의 친구, 가게 사장님 등 많 은 것에 영향을 미치게 됩니다. 두 개의 행위자와 그 주변의 행위 자는 서로 연결되어 있고, 영향력을 미칩니다. 바로 이것이 네트 워크입니다.

▶ 기계의 인간화

행위자-네트워크 이론이 중요한 이유는 사람 이외의 존재에 대한 의미를 부여했기 때문입니다. '인간-비인간'의 이분법적 가 치관이 아니라 '행위자'라는 용어를 통해 단지 사람만이 이 세계의 주인공이 아니라는 점을 명확히 했죠. 이러한 관점은 에이전트나 기계를 단순한 도구나 인터페이스가 아닌 현실 세계를 구성하는 적극적인 참여자로 생각할 수 있게 합니다.

이 이론의 핵심은 사회 현상이 단순히 인간 행위자의 상호작용 결과가 아니라 기술, 제도, 물질적 객체 등 다양한 비인간 요소와의 복잡한 상호작용을 통해 형성된다는 것입니다(Law, 1992). 이 관점은 AI가 만들어 내는 인간과 비인간 사이의 경계를 모호하게 만드는 시대를 이해하는 관점을 제공합니다. 이러한 관점을 갖게 되면 세상을 '사람'이 아닌 '행위자'로 해석하게 됩니다. "사람이 그러면 안 되지."라는 표현과 "이건 기계잖아."라는 표현은 인간과 기계를 구분 짓기 때문에 행위자-네트워크 이론의 관점에서는 적절하지 않습니다. 모두 행위자이기 때문에 동일한 설명 프레임을 사용해야 하죠. AI 기술이 발전함에 따라 기계와 의미 있는 관계를 형성하고, 복잡한 과제를 협력하여 수행하거나, 창의적인 활동에 참여할 수 있게 되므로, 기계를 바라보는 관점은 지금과 확연히 달라질 것입니다. 지금은 아직 상상 단계이므로 거부감이 들 수도 있지만 기계의 역할을 사람과 구분하기 힘들어지는 때가 오면, 기계를 바라보는 관점에 대한 혼돈이 있을 겁니다.

과거 사례를 볼까요? 처음 지도 앱이 나왔을 때, 사람들은 여전히 지도 앱보다는 자신의 경험에 의존했습니다. 그러나 지금은 어디를 가야 할 때면 곧바로 지도 앱을 켜서 경로와 시간 계산을 합니다. 또한 청소 로봇이 나왔을 때는 그것이 유용할지 의심하기도 했죠. 그러나 지금은 청소 로봇이 머스트 해브(must have) 아이템이 됐습니다. 청소 로봇이 있는 집에서는 청소 로봇이 청소하기 쉽도록 집안 물건을 배치합니다. 가구를 새로 살 때도 밑의 공간으로 청소 로봇이 지나다닐 수 있는지 가늠한 후에 결정하죠. 청소 로봇으로 인해 사람의 행동이 변화한 것입니다.

사람은 이처럼 편리함과 익숙함에 의존합니다. 생성형 AI가 없으면 일을 하기가 곤란하다고 말하는 사람이 벌써 생겼습니다. 저는 이 글을 쓰면서도 계속 생성형 AI를 통해, 조금 더 독자가 읽기 쉽도록 수정을 하고, 적절한 예를 찾습니다. 저 역시 생성형 AI가 없으면 생산성이 현저하게 떨어질 것입니다. 이러한 변화 속에서 행위자-네트워크 이론은 우리가 기계를 사람처럼

지도 앱과 청소 로봇은 우리 생활을 바꾸었습니다. (그림 19)

바라봐도 문제가 없음을 철학적으로 증명합니다. 이러한 관점은 정체성, 사회적 상호작용 등 전통적인 개념에 도전하지만, 복잡한 사회 기술 시스템에서 우리가 어떻게 행동하고 결정할지에 대한 방안을 제시합니다.

남성과 여성 외에도 제3의 성, 간성인이 있다는 것을 알게 되었고, 간성인의 존재가 과학적으로 그리고 많은 나라에서 법적으로 인정된다면 여러분은 간성인을 어떻게 평가하고 대하시겠습니까? 마찬가지로, 사람처럼 소통할 수 있는 기계가 나타나고, 이 기계를 사람처럼 다루는 것이 문제될 것이 없다는 철학적 관점이 존재한다면, 여러분은 이 기계를 어떻게 평가하고 대하시겠습니까?

행위자-네트워크 이론은 디지털 시대의 협력, 창의성, 사회적 연결을 위한 새로운 길을 제시하는 동시에, 기계의 인간화가 더욱 가속화되는 시대에 우리가 사는 현실과 정체성, 인간 경험의 본질에 대한 중요한 질문을 제기합니다. 이 이론의 렌즈를 통해 바라본 기계는 단순한 기술 혁신이 아니라, 사회적 상호작용에 대한 우리의 이해와 현실 그리고 미래를 구성하는 것에 대한 인식을 근본적으로 바꿉니다. 행위자-네트워크 이론의 원칙과 통찰력으로, 앞으로 펼쳐질 디지털 세계의 복잡성과 미래 사회의 새로운 존재 가치의 의미를 잘 이해하기를 바랍니다.

"게임 할래요?"
달콤한 성취 뒤에 숨은 위험한 유혹

▷ 영화 〈위험한 게임〉

1983년에 개봉된 영화 〈위험한 게임(원제: War Games)〉은 40년이 넘는 과거의 작품임에도 불구하고, 오늘날 테크놀로지 환경을 잘 보여 주는 매력적인 영화입니다. 이 영화는 매우 사소한 원인으로 AI가 인류의 멸망을 이끌 수 있다는 교훈을 제공하며, AI의 잘못된 활용이 초래할 수 있는 위험성에 대한 경고의 메시지를 담고 있습니다. AI가 제대로 구현되지도 않은 상황에서 이러한 AI의 역할을 당

시 영화 관람자들은 얼마나 공감하고 보았을지는 모르겠지만, 상업적으로나 예술적으로나 큰 호응을 받은 영화입니다.

1장에서 설명했지만, '환각'이란 용어는 생성형 AI가 만들어 내는 잘못된 정보나 거짓 정보를 의미합니다. 이 용어는 2018년 논문(Lee, et. al., 2018)에서 처음 소개되었는데, 1980년대에 만들어진 이 영화에서 AI가 만들어 낸 거짓 결과물을 이미 환각으로 표현하고 있을 정도로 생성형 AI가 일으킬 문제에 대한 상상력이 뛰어납니다.

이 영화는 워퍼(WOPR)라는 AI 컴퓨터 시스템이 스스로 판단하고 결정해서 핵전쟁을 일으킨다는 이야기를 통해, AI 사용이 초래하는 문제를 인류 멸망이라는 시나리오로 보여 줍니다. 영화의 줄거리는 이렇습

니다. 주인공은 게임을 하기 위해 인터넷에 접속했다가 우연히 해킹으로 워퍼 시스템에 접근합니다. 그리고 워퍼의 "게임 할래요?(Shall we play a game?)"라는 제안으로 게임을 시작하게 되는데, 그 게임이 바로 핵전쟁이었습니다. 단순히 전쟁 게임을 하려는 의도였지만, 결국 AI는 이것을 진짜처럼 인식하고 실행 직전까지 수행하게 되죠. 실제로는 전쟁이 아닌 시뮬레이션이었지만, 군인들은 그것이 현실인 줄 알고 대응했고, 이 과정에서 AI가 사람을 대신해서 판단했습니다. AI 때문에 사람은 아무것도

AI는 디스토피아를 만들까요?(그림 20)

할 수 없이 그저 바라만 보는 상황에서 핵전쟁의 위험에 직면하는 순간, 주인공은 게임을 통해 간신히 (그리고 우연히!) AI 스스로 명령을 거두게 합니다.

AI의 결정력이 과도하게 증가하게 될 경우, 사람은 아무것도 할 수 없음을 보여 준 이 영화는 최근 생성형 AI의 위험성을 생각하는 데 더할 나위 없이 좋습니다. 생성형 AI가 사회 전 분야에 실질적인 영향을 미치고 있는 만큼, 그동안 이상적인 조건에서 가정문으로 제기됐던 AI의 활용으로 인한 문제는 이제 현실이 됐습니다. 전 세계 정부와 국제기구, 기업, 비영리 단체 등 수없이 많은 조직에서 발표했던 AI 관련 가이드라인은 이제 실전에 맞닥뜨리게 됐습니다.

생성형 AI와 관련한 가장 큰 문제는 원인과 방법을 모른다는 것입니다. 대체 이 결과가 왜 나왔는지, 어떤 방법으로 나왔는지 알지 못합니다. 이유를 모르니 두렵습니다. 예를 들어, 사랑하는 연인이 갑자기 뾰로통해 있는데, 정작 나는 그 이유를 모른다? 미칠 노릇이죠. 그 사람이 언제 어떻게 터질지 모르니 두렵잖아요. 방법을 모르니 답답하기도 하죠. 또 다른 예로, 우리와 경쟁 관계에 있는 기업에서 신제품을 출시했는데 아주 맛있어서 인기가 있다고 생각해 보지요. 어떻게든 똑같은 맛을 내는 제품을 만들어 출시해야 하는데, 도무지 똑같은 맛이 안 나고 오히려 이상한 맛만 난다면 어떨까요? 왜 같은 맛이 안 나는지, 방법이 무엇인지 모르니 답답합니다.

사람은 불확실성을 싫어합니다. 처음 만난 사람은 나를 불안하게 하죠. '이 사람이 나를 해롭게 하는 것은 아닐까?' 그래서 우리는 나이, 고향, 출신 학교 등을 물어보며, 어떻게든 공통점을 만들려고 합니다. 불확실성을 감소시킴으로써 마음을 편하게 하려는 의도입니다. 새로운 사람이나 상황에 부닥쳤을 때 불확실성을 느끼는 것은 사람의 본질적인 속성입니다. 이러한 불확실성은 불안과 두려움을 유발하기 때문에, 사람은 정보를 수집함으로써 예측 가능한 구조를 찾아 불확실성을 줄이려고 합니다. 사회심리학에서는 이것을 불확실성 감소 이론

테크 기반 기업들은 그동안 AI를 활용한 서비스를 소개할 때 매우 조심스러웠습니다. 바로 예측 불가능성 때문이죠. 서비스를 출시했는데 만일 예상하지 못한 사건이 발생한다면? 대표적 사례가 2020년 12월에 출시된 챗봇 '이루다' 사건입니다. 서비스 과정에서 개인정보 유출, 성희롱, 차별 발언 등 여러 문제를 노출하다가 결국 출시 3주 만에 서비스가 중단되며 일단락되었지만, 기업이 입은 피해는 작지 않았죠. '이루다'를 만든 기업 '스캐터랩'이 주식 시장에 상장이 안 되어있길래 망정이지, 만일 상장된 기업이었다면 당일 하한가를 각오해야 했을 만큼 당시 이루다 사건은 기업 차원에서 큰 악재였습니다.

사람의 통제를 벗어난 챗봇 '이루다' 사건

주식 시장이 가장 불안해하는 것은 기업의 매출 감소도, 이익 감소도 아닙니다. 바로 불확실성입니다. 미중 패권 전쟁이 어떻게 진행될지, 중국의 대만 침공이 현실화할지, 금리는 어떻게 될지 등등, 이러한 불확실성은 사람의 판단을 어렵게 하고 실수하게 만들죠. 개인 차원에서의 문제라면 그 영향력이 제한적이지만, 집단 차원으로 가면 복잡해집니다. 만일 이루다 사건의 당사자가 스캐터랩이라는 작은 기업이 아니라 삼성전자나 네이버, 마이크로소프트, 또는 애플이었다면 그 파장이 달라졌을 것입니다. 이러한 거대 기업의 위기는 경제의 위기이고, 경제의 위기는 국가의 위기입니다. 그 국가가 미국이나 중국과 같은 경제 대국일 경우는 세계적 혼란을 초래하게 됩니다.

생성형 AI는 사람에게 불확실성을 증가시키고 있습니다. 불확실성을 감소시켜도 불안함을 느끼는 게 사람일진대, 사용할수록 불확실성을 더욱 증가시키고 있습니다. 불안하면 안 쓰면 되지만, 생성형 AI를 안 쓴다는 것은 퇴보를 의미합니다. 전 세계가 생성형 AI 기술 도입에 박차를 가하고 있죠. 특히 미국은 중국의 생성형 AI 기술 발전을 견제하기 위해 다각도로 노력하고 있습니다. 미국 의회는 '반도체 지원법(칩스법, CHIPS Act)'을 제정해서, 보조금 지원과 세금 혜택을 통해 미국 내 반도체 산업을 육성하고 글로벌 공급망에서 미국의 경쟁력을 강화하려고 합

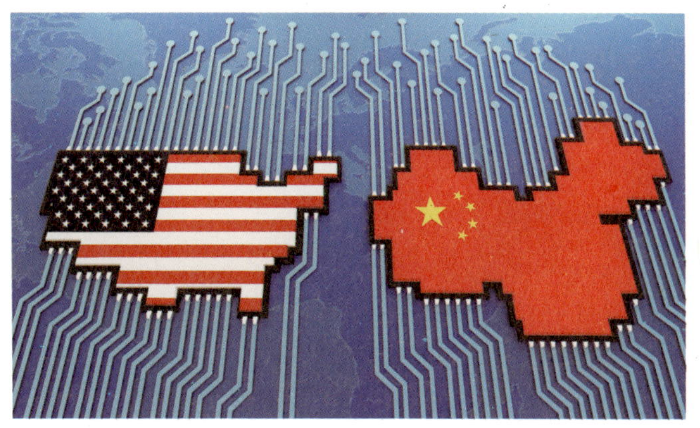

AI 시대를 지배하려는 미국과 중국의 반도체 전쟁이 격화되고 있습니다.(그림 21)

니다. 앞으로 생성형 AI와 관련된 산업과 정책은 보이지 않은 전쟁 상황이 될 것입니다. 이런 상황에서 불확실성을 가중시키는 생성형 AI에 대한 규제, 사용 제한 등이 이루어질 수 있을까요?

▷ 생성형 AI가 만든 문제를 정말 고칠 수 있을까?

나중에 밝혀진 내용이지만, '이루다'가 출시될 즈음 네이버 역시 비슷한 서비스를 준비하고 있었다고 합니다. 다만, 사회적 문제를 초래할 개연성이 있다는 내부의 문제 제기 때문에 출시를 미뤘죠. 그러다가 '이루다' 사태가 일어난 것입니다.

구글도 마찬가지입니다. 사실 생성형 AI가 시작된 배경은 구글입니다. 구글은 이미 2018년에 언어 모델인 BERT(Bidirectional Encoder Representations from Transformers)를 개발했죠. 앞서 소개했지만, GPT의 'T'가 바로 트랜스포머입니다. 즉, GPT는 구글이 개발한 트랜스포머 아키텍처를 사용해서 개발된 것입니다. 구글이 먼저 개발을 했음에도 불구하고 출시를 미룬 이유는 역시 안전성과 공공성에 대한 위험 때문이었습니다.

그러나 이러한 우려가 더는 중요하지 않을 것 같습니다. 마이크로소프트의 기술 임원인 샘 쉴레이스(Sam Schillace)는 ChatGPT-4가 출시된 2023년 3월 내부 이메일에서 테크 시장에서는 '먼저 시작(started first)'하는 것이 '장기적인 승자(long-term winner)'가 되는 원동력이라고 썼습니다. 이 말은 마이크로소프트가 ChatGPT를 자사의 검색 엔진인 Bing에 탑재하고, 마이크로소프트 365에 코파일럿(Copilot)을 내장하여 마이크로소프트 365 코파일럿을 출시함으로써 AI 시장을 '먼저 시작'하겠다는 의미였죠. 앞에서 얘기한 불확실성에 대한 우려는 이제 접어 두겠다는 의미입니다. 이 때문일까요? 여러 유명 기업들이 ChatGPT 소개 이후 자신들이 개발하고 있는 생성형 AI를 재빠르게 공개했습니다. 불확실성에 대한 우려나 위험에 대한 대비는 뒷전이고, 일단 다른 기업에 뒤쳐지지 않겠다는 것이 우선이었습니다. 기업과 정부는 생성형 AI 시장에 뒤처지지 않기 위해 전쟁 중입니다.

기업은 챗봇이 허위 정보를 생산하고, 챗봇에 감정적으로 집착하는 사용자에게 상처를 줄 수 있으며, 온라인에서 기술을 통한 집단 폭력을 가할 수 있음을 잘 알고 있습니다. 대규모 AI 모델이 사이버 보안 공격에 취약하고, 개인정보 보호 위험을 초래할 수 있다는 점도 잘 알고 있죠. 그런데도 마이크로소프트는 2022년 10월 제품 리더들의 윤리 교육을 담당하고 컨설팅하는 '윤리 및 사회(Ethics and Society)' 팀을 30명에서 7명으로 축소한 데 이어, 2023년 3월에는 팀 자체를 완전히 해체했습니다. 구글, 메타, 아마존, X 등의 기업도 AI를 사용하는 소비자 제품의 안전성에 대해 조언하는 'AI 윤리(responsible AI teams)' 팀의 인원을 감축했죠(Criddle, & Murgia, 2023). 이러

제프리 힌튼 박사는 대체 무엇이 두려웠을까요?(그림 22)

한 상황에서도 생성형 AI를 활용한 서비스를 하는 테크 기업들은 여전히 윤리 가이드라인이 중요하고, 이를 지키기 위해 최선을 다한다고 주장합니다.

이러한 기업의 필사적인 행보와 함께, AI 연구자들의 걱정 역시 빠르게 확산 중입니다. 딥 러닝 개발의 선구자이자 2024년 노벨 물리학상 수상자로 널리 알려진 제프리 힌튼(Geoffrey Hinton) 박사는 2023년 5월 3일 뉴욕 타임스(New York Times)와의 인터뷰(Metz, 2023)를 통해 그동안 AI 관련 일을 해 온 것을 후회한다고 말하며, AI의 위험성에 대해 자유롭게 말하기 위해 구글에서 나왔다고 밝혔습니다. 힌튼 박사는 그동안 AI 개발에 있어 가장 존경받는 개발자이자 학자, 그리고 연구자로 알려졌는데, "악의적 행위자가 AI 기술을 나쁜 일에 사용하는 것을 어떻게 막을 수 있을지 알기 어렵다."라고 말하며 AI가 가져올 위험에 대해 경종을 울렸습니다. 대체 그는 얼마나 큰 두려움에 사로잡혔기에 전 세계인이 숭앙해 마지않는 딥 러닝의 개척자라는 자리를 그토록 후회하며 자신의 정체성을 부정하기에 이른 것일까요?

그의 걱정은 AI 시스템이 만든 것이 사람의 뇌에서 만든 것보다 더 뛰어날 수 있다는 우려에서 출발합니다. 이런 우려는 힌튼 박사만 하는 것이 아닙니다. 2022년 6월, 마이크로소프트의 윤리학자와 직원들

은 챗봇의 AI 기술이 페이스북 그룹에 허위 정보를 넘쳐 나게 하고, 비판적 사고를 저하시키며, 현대 사회의 사실적 기반을 약화시킬 수 있다고 경고했습니다. 2023년 3월, 두 명의 구글 직원은 챗봇이 부정확하고 위험한 문장을 생성한다고 판단하여 AI 챗봇 출시를 막으려 했습니다(Grant & Weise, 2023).

OpenAI가 ChatGPT-4를 출시한 직후인 2023년 3월, 테슬라(Tesla)의 일론 머스크(Elon Musk)와 애플(Apple)의 공동 창업자 스티브 워즈니악(Steve Wozniak)을 비롯한 천 명 이상의 기술 리더와 연구자들은 AI 기술이 "사회와 인류에 심각한 위험"을 초래할 수 있으므로 새로운 시스템 개발을 6개월간 유

예할 것을 촉구하는 공개서한에 서명하기도 했죠. 이 서한의 내용이 정말 타당한 것이냐, 유예가 정답이냐 하는 논쟁은 차치하더라도, AI 기술 전문가들이 이렇게까지 공개적으로 AI가 "사회와 인류에 심각한 위험"이 될 수 있다고 밝힌 것은 놀라운 일이 아닐 수 없습니다. 이 외에도 2023년 11월, AI의 잠재적 위험에 대한 국제 협력을 촉구하는 '블레츨리 선언(Bletchley Declaration)', 2024년 9월 UN의 AI 고위급 자문 기구인 AIAB의 '인류를 위한 AI 거버넌스' 보고서 등을 통해 알 수 있듯이, 세계 각국은 AI의 위험성에 대한 우려를 하고 있습니다.

그러나 이제는 AI 시장을 선점하는 것이 기업과 국가의 최우선 과제가 됐습니다. 각종 우려와 경고에도 불구하고, 새로운 AI를 개발하고 발전시키려는 시도는 멈추지 않을 것입니다. 앞에서 AI 산업의 초기 선점이 중요하다고 말한 마이크로소프트의 기술 임원인 샘 쉴레이스의 말은 지금 그들의 속마음이 어떤지 잘 보여 줍니다.

"나중에 고칠 수 있는 문제를 지금 걱정하는 것은 치명적인 실수이다."

▶ 보이지 않는 위험은 눈앞에 펼쳐진 이익을 이길 수 없다

기업은 주주의 이익을 최우선으로 생각합니다. 주주의 이익을 극대화하기 위해서는 매출과 이익을 증가시켜 주가가 오르게 만들어야 하죠. 매출과 이익을 증가시키기 위한 최고의 방법은 생산성과 효율성 향상입니다. 생산성과 효율성 향상이라는 가치 충족을 위해, 산업혁명은 1차와 2차, 3차를 거쳐 이제 4차로 향합니다. 그리고 이미 설명했듯이 4차 산업혁명의 핵심 기술은 AI죠.

생성형 AI 기술은 이미 다양한 업무 영역에서 활용되어 큰 변화를 가져오고 있습니다. 고객 문의에 대해 신속 정확하게 응답함으로써 고객 만족도를 높이고 인건비를 절감하는 생성형 AI 챗봇은 우리가 아주 가깝게 체감할 수 있는 기술이죠. 제조업에서는 AI 기반의 예측 유지보수 시스템이 도입되어, 기계나 장비의 고장을 예측하고 불필요한 정비 비용을 줄이는 동시에 생산성을 향상하며, 로봇과 스마트 팩토리를 도입함으로써 인력을 절약하고, 사고율을 줄여 생산성과 효율성을 높입니다. 실제 BMW와 테슬라와 같은 자동차 제조사들은 AI를 통한 작업 공정의 자동화 및 최적화를 통해 고품질의 차를 생산합니다.

기업은 빅 데이터 분석을 통해 영업 및 마케팅 전략에 활력을 불어넣고, 시장 트렌드를 파악해 이를 기반으로 한 의사결정을 지원함으로써 기업 경영에 혁신을 가져오죠. 또한, 효율적인 데이터 관리 및 분석 기능을 활용해 소비자들의 구매 패턴이나 선호를 파악할 수 있어 타깃 마케팅을 하고, 정확한 수치를 바탕으로 소비자에게 더 나은 제품을 저렴한 가격에 공급해 경쟁력을 높입니다. 생성형 AI 기술은 결국 기업의 전략적 경쟁력을 강화하고, 장기적인 성장을 지원합니다. 절감된 비용은 다시 AI 연구 개발에 투입되고, 핵심 사업에 집중함으로써 매출과 이익을 증가시키는 선순환을 이루게 되죠.

그러나 이 과정에서 각국 정부와 글로벌 빅테크 기업은 멈출 수 없는 경쟁에 갇혀 있습니다. 거짓 텍스트, 거짓 사진, 거짓 영상이 넘쳐나는 인터넷, 사람의 자리를 대체하는 로봇, 그리고 빅 데이터에서 사람이 알지 못한 무엇인가를 학습함으로써 발생하는 위험을 우리는 대체 어떻게 막을 수 있을까요?

모든 사람의 지성을 합친 것보다 더 뛰어난 초인공지능이 출현하는 것을 기술적 특이점(Singularity)이라고 합니다. 예전에는 이 기술적 특이점이 빨라야 2040년경에나 올 것으로 예측했죠. 그러나 이제는 그것이 2030년에 발생한다 해도 놀랍지 않습니다. 중요한 것은 이러한 인류에 대한 위협을 우리가 인식한다고 해도, 기술 개발을 막을 수 있는 것은 존재하지 않는다는 것입니다. AI에 대한 정부 규제는 국가 간 경쟁과 시장 경제 논리로 인해 뒤편으로 밀려났습니다. 그저 들리는 것은 기업의 자율 규제나 AI 윤리와 같은, 있어도 그만이고 없어도 그만인 허울뿐인 메아리뿐입니다.

만일 전 세계 모든 국가가 전 세계 모든 기업에 동시에 차별 없이 일관된 규제를 한다면 AI의 위험을 막을 수 있을지도 모르겠습니다. 하지만 현실적으로 이제 남아 있는 해결책은 없습니다. OpenAI가 GPT-4를 개발하기 위해 몇 개의 데이터 세트를 이용했는지, 몇 개의 파라미터를 이용했는지, 알고리즘은 무엇인지 정부도 알 수 없습니다. 핵무기의 개발은 국제 조약으로 막을 수 있지만, 기업이 AI를 활용한 결과물은 그 무엇도 막을 수 없습니다. 그것이 우리가 극찬해 마지않던 시장 경제이고 자본주의입니다.

보이지 않는 위험은 눈앞에 펼쳐진 이익을 이길 수 없습니다. 그만큼 달콤하기 때문이죠. 잠들기 전의 밤 11시에 먹는 치킨이 건강에 얼마나 나쁜지 잘 알지만, 입안에 퍼지는 기름기 넘치는 고기의 유혹을 물리치기에는 우리의 뇌가 그리 합리적이지 않습니다. 이런 시기에 AI 윤리를 외치고 가이드라인에 따를 것을 요구하는 것이 어떤 의미가 있을까요? 원자력 발전소의 위험을 잘 알고 있음에도 여전히 원자력 발전소를 사용하고 있듯이, AI 역시 위험을 뻔히 예측하고 있음에도 사용할 수밖에 없는 현실에서 우리가 할 수 있는 일은 무엇일까요?

불안한 미래,
멈출 수 없는 현실

▷ 우리가 멈추면 누가 좋아할까요?

생성형 AI 기술의 발전은 우리의 삶과 사회에 점점 더 큰 영향을 줄 것입니다. 이 발전은 근본적으로 강력한 시장 세력(기업들)에 의해 추진되고 정부에 의해 가속화되고 있습니다. 기업과 정부의 이익에 기반한 기술 발전은 막을 수 없습니다. 군수 산업이 그 대표적인 예입니다. 문제는 군수 산업과는 비교도 안 될 정도로 사회적 영향력이 큰 생성형 AI는 그만큼 위험한 문제를 갖고 올 것이라는 점입니다.

위기(risk)와 위험(crisis)은 비슷한 말 같지만, 본질적으로 큰 차이가 있습니다. 핵심적인 차이는 위기는 예측 가능하고, 위험은 예측 불가능하다는 것입니다. 생성형 AI가 초래할 수 있는 문제에는 예측 가능한 것과 불가능한 것이 모두 포함되어 있습니다. 따라서 위기 관리와 위험 관리 차원에서 각국 정부는 생성형 AI 기술을 개발하는 기업에 대한 관리와 감독을 철저히 해야 합니다. 그러나 문제는, 현실적으로 정부는 자국의 이익을 위해서 이러한 기술 개발의 위험성을 묻어 둔 채 국가 경쟁력이라는 이름으로 더욱 촉진할 개연성이 높다는 것입니다. 미국과 중국의 패권 경쟁을 보면 예상할 수 있습니다. 겉으로 드러나지 않지만, 이들은 기술 개발에 사활을 걸고 있습니다. 이러한 기술이 결국 경제적인 것뿐만 아니라 무기 개발과 같은 국방 기술에도 영향을 미치기 때문이죠.

'아시모프의 법칙'에 기반하여 윤리적인 로봇 제작 원칙을 제정한다고 해도, 과연 미국과 중국, 러시아에서는 로봇 병사를 개발하지 않을까요? 미국에서는 대통령 지지도를 좌우하는 핵심 요인 중의 하나가 해외 파병 미군의 피해 정도입니다. 미국은 '세계 경찰'이라는 이름으로 전 세계에 파병을 하고 있죠. 그런데 만일 한 명이라도 자국 병사가 피해를 입기만 하면 모든 방송국의 프로그램에서 톱뉴스로 도배가 됩니다. 바로 대통령과 정부의 지지율에 영향을 미치게 되죠. 이런 상황에서 인간 대신 로봇 병사를 투입한다는 발상은 꽤 매력적이지 않을까요? 특정 국가를 폄하하려는 의도는 전혀 없지만, 우리가 상식적으로 알고 있는 중국과 러시아와 같은 나라가 로봇 제작 원칙을 잘 지킬 것으로 믿을 수 있을까요?

이런 점에서 저는 모든 나라가 겉으로 드러내지만 않을 뿐, 실제로는 로봇 병사를 비롯해서 적용할 수 있는 모든 국방 분야에 AI 기술을 활용하고 있을 것으로 추정합니다. 예를 들어, 뉴욕 타임스(Sanger, 2023)의 기사에 따르면, 패트리엇 미사일 시스템은 '자동' 모드를 갖추고 있어 사람의 직접적인 개입 없이도 보호 대상 영공에 진입하는 미사일이나 항공기를 자동으로 요격할 수 있다고 합니다. 또 다른 사례로는 2020년 이란의 핵 과학자 모센 파크리자데 암살에 사용된 AI 지원 자율 기관총을 들 수 있습니다. 이스라엘 모사드가 수행한 이 작전에서는 원격 제어 기술을 병행하면서 AI 기술이 탑재된 자율 기관총이 사용되었습니다. 또한 러시아가 개발 중인 포세이돈 핵 어뢰는 AI를 활용한 자율 무기 시스템의 미래를 보여주는 사례입니다. 이 무기는 발사 후 수일 동안 자율적으로 대양을 횡단하며 기존 미사일 방어 시스템을 회피할 수 있는 능력을 갖추고 있다고 알려져 있습니다. 러시아는 이 무기의 제조를 시작했다고 발표했으나 아직 실전 배치는 되지 않은 상태입니다.

드론 스웜 기술로 다수의 드론을 동시에 운용할 수 있습니다.(그림 23)

저는 무엇보다도 드론의 역할이 전쟁의 양상을 바꿀 것으로 예상합니다. 과거에는 사람의 원격 조종이나 GPS에 의존했지만, 이제는 AI를 통해 자체적으로 목표물을 선택하고 타격할 수 있는 수준으로 발전하고

있습니다. 특히 주목할 만한 것이 '드론 스웜(Drone Swarm)' 기술입니다. 드론 스웜은 수십 혹은 수백 대의 드론이 하나의 네트워크로 연결되어 마치 벌떼처럼 집단 지능을 발휘하며 움직이는 시스템을 말합니다. 이들은 AI를 통해 서로 충돌하지 않고 정보를 공유하며, 표적을 탐지하고 어떤 드론이 어떤 목표물을 공격할지 자체적으로 결정할 수 있습니다.

실제로 우크라이나 전쟁에서는 AI 드론의 활약상이 전해지기도 했습니다. GPS 교란에 취약했던 기존 드론과 달리, 새로운

AI 드론은 광학 탐색 시스템을 통해 지상의 지형지물을 인식하며 자율적으로 날아갑니다. 더 나아가 AI는 전차의 취약 부위를 자동으로 식별하여 공격하거나, 적의 정찰 드론을 요격하는 데까지 활용되고 있습니다. 자국군의 피해 없이 드론으로만 주요 인사를 공격하고, 무기를 파괴하는 드론의 활용은 미래 전쟁의 핵심 전략으로 활용될 것입니다.

이러한 사례들은 AI 기술이 현대 군사 무기 시스템에 통합되고 있으며, 그 적용 범위가 점차 확대되어 향후 전쟁 수행 방식과 국제 안보 환경에 중대한 변화를 가져올 가능성을 보여 줍니다. 저는 미국 국방부의 최고 정보 책임자인 존 셔먼(John Sherman)이 한 다음과 같은 말이 AI의 위험성을 나타내는 가장 적나라한 표현이라고 생각합니다(Vincent, 2023.5.3).

"우리가 멈추면 누가 멈추지 않을까요? 해외의 잠재적 적들이겠죠."

우리는 AI가 가져올 위기를 잘 극복할 수 있을까요?

▶ 생성형 AI 때문에 다시 주목받는 원전

우리의 생명을 위협하는 것은 가장 두렵죠. 그 대표적인 예가 군사 분야라서 AI가 갖는 문제점을 군사 무기로 설명해 보았

● ● ● ○ **PART 3**

습니다. AI가 사람, 더 나아가 인류의 생존을 위협한다고 해도 전 세계는 AI 기술 발전을 멈추지 않을 것입니다. 내가 만들지 않아도 누군가는 계속 만들 거라고 믿기 때문이죠. 결국 많은 문제점이 있다고 해도, 생성형 AI의 개발과 확산은 멈출 수 없을 겁니다. 저는 여러분이 문제가 있기 때문에 회피하기보다는, 문제를 극복하기 위해서라도 더 많이 사용하기를 바라면서 이 글을 쓰고 있습니다. 그렇다면 생성형 AI로 인해서 어떤 문제가 발생되길래 그렇게 우려하는 것일까요?

저는 생성형 AI가 갖고 있는 문제점을 영향력의 범위와 성격에 따라 크게 여섯 개의 범주로 분류하고자 합니다. 물리적 자원과 관련된 '환경·자원 문제', 사회 구조적 차원의 '사회적 영향', 규범적 차원의 '윤리적·법적 문제', 공정성과 관련된 'AI 편향과 차별', AI 자체의 '기술적 한계', 그리고 의도적 오용에 따른 '악용 위험' 등 여섯 가지입니다. 이러한 분류에는 문제의 발생 영역, 파급 효과의 성격, 그리고 대응 방식의 차이를 고려했습니다. 그리고 이러한 분류 과정과 내용 설명은 ChatGPT와 같은 생성형 AI인 Claude AI와 함께 토론하고 협력해서 얻은 결과입니다.

먼저, 환경과 자원의 문제입니다. 생성형 AI는 냉각수 낭비, 희소 광물 고갈 등 다양한 환경 문제를 야기하고 있습니다. AI 모델의 학습과 운영을 위해서 막대한 전력을 소비하고, 전력 공급망 시스템의 안정성을 위협하여 사회 인프라 전반에 영향을 미칩

영향	내용	문제점	예상 위험	대응책
대규모 연산에 따른 전력 소비	AI 모델 학습과 운영으로 인한 전력 소비	• 데이터 센터 전력 소비 급증 • 탄소 배출량 증가 • 전력 수급 불안정	• 전력 인프라 부족 • 에너지 비용 상승 • 기후 변화 가속화	• 에너지 효율적 AI 개발 • 친환경 데이터 센터 구축 • 재생 에너지 활용 확대
데이터 센터 냉각수 낭비	AI 서버 냉각 시스템 가동으로 인한 대량의 물 소비	• 지역 수자원 고갈 • 수자원 분배 갈등 • 생태계 영향	• 물 부족 심화 • 수자원 비용 증가 • 환경 분쟁 확대	• 공랭식 냉각 기술 개발 • 물 재활용 시스템 도입 • 지역 특성 고려한 입지 선정
AI 칩 제조를 위한 희소 광물 고갈	AI 칩 생산에 필요한 광물 자원의 고갈과 환경 파괴	• 자원 가격 상승 • 공급망 불안정 • 환경 파괴 가속	• 자원 고갈 • 국제 분쟁 위험 • 생산 차질	• 재활용 기술 개발 • 대체 소재 연구 • 자원 순환 체계 구축
데이터 센터 부지 문제	데이터센터 건설로 인한 토지 이용 변화와 생태계 영향	• 토지 이용 갈등 • 생태계 파괴 • 도시 개발 압박	• 가용 부지 부족 • 부동산 가격 상승 • 도시 계획 차질	• 고밀도 데이터 센터 설계 • 유휴 시설 활용 • 분산형 인프라 구축
전력 그리드 안정성 위협	AI 시스템의 전력 수요 급증으로 인한 전력망 불안정성 증가	• 전력망 과부하 • 시스템 안정성 저하 • 정전 위험 증가	• 그리드 붕괴 위험 • 전력 품질 저하 • 사회 기능 마비	• 스마트 그리드 구축 • 부하 분산 시스템 도입 • 백업 전원 확보

니다. 생성형 AI의 사용이 환경 문제를 발생시킨다는 사실은 좀 낯설 수 있을 것 같아서 조금 자세히 설명하겠습니다.

한 연구(Patterson, et. al., 2021)에 따르면, GPT-3을 학습시키

는 데 1,287GWh(기가와트시)가 소요되었다고 합니다. 이는 미국 가정 120곳이 1년간 소비하는 전력량과 맞먹는 양이죠. 이것을 탄소 배출량으로 환산하면 약 502톤으로, 이는 미국 자동차 110대가 1년에 배출하는 양이고요. 참고로 이것은 단지 학습시키기 위해 훈련 과정에서 사용한 전력량일 뿐, 공개 후 전 세계에서 사용하는 것을 포함한 것이 아닙니다.

또 다른 예는 구글입니다. 블룸버그 기사(Saul, & Bass, 2023.03.09)는 이에 관한 여러 연구 결과를 소개하고 있습니다. 구글 연구원들은 인공지능이 회사 전체 전력 소비량인 18.3TWh(테라와트시)의 10~15%를 차지한다고 밝혔습니다. 이는 약 2.3TWh를 소비한다는 의미인데, 애틀랜타시에 있는 모든 가정이 매년 소비하는 전기량과 맞먹는 양이라고 합니다.

우리나라의 사례도 있습니다(김민석, 2023.02.27). SKT는 자사의 초거대 AI 모델 '에이닷'의 브레인 역할을 하고 있는 슈퍼컴퓨터 '타이탄'을 기존 대비 두 배로 확대 구축했고, 이를 위해서 엔비디아의 A100 GPU를 1040개로 증설했다고 2023년 2월 밝혔습니다. A100 GPU의 소비 전력은 모델에 따라 300~400W(와트)고, 시간당 전력 소비량은 300~400Wh(와트시)입니다. 따라서 에이닷을 운용하기 위해서는 최대 312,000Wh에서 416,000Wh가 소비됩니다. 또한 LLM을 운용하기 위해서는 인터넷 데이터 센터(Internet Data Center, IDC)가 반드시 필요합니다.

AI는 늘 데이터를 사용하고 생산하므로, 이를 보관하는 곳이 필요하기 때문이죠. 이것은 대표적인 고전력 시설입니다. 산업통상자원부의 자료에 따르면 인터넷 데이터 센터 한 개당 평균 연간 전력 사용량은 25GW로, 우리나라 4인 가구 기준 6,000가구가 사용하는 전력량과 같은 수준입니다. 우리가 별 생각 없이 생성형 AI에게 답변을 요구하고 이미지를 생성하게 하는 행동 하나하나가 엄청난 양의 전기를 사용하고 있는 것이죠.

최근에는 전력 수요를 충족하기 위해 원자력 발전이 대안으로 부상하고 있습니다. 특히 소형 모듈 원자로(Small Modular Reactor, SMR)는 AI 데이터센터 전용 전력 공급원으로 주목받고 있습니다. 태양광이나

AI로 인한 전력 수요 때문에 소형 모듈 원자로가 주목받고 있습니다.(그림 24)

풍력 등 재생 에너지가 AI 개발과 가동에 필요한 전력 수요를 충족하지 못하는 상황에서 가장 효율적이고 안정적인 전력 공급원으로 주목받는 것이죠. 소형 모듈 원자로는 기존 원전의 약 1/3 크기로 건설이 가능해서 건설 기간과 비용을 크게 줄일 수 있다는 장점 때문에, 마이크로소프트와 구글 등 대기업들이 관련 기업들과 협력하여 상용화하려 하고 있습니다. 생성형 AI가 엉뚱하게 원자력 발전에도 영향을 미치고 있는 것이죠.

▷ 생성형 AI가 흔드는 우리의 삶

환경 외에도, 생성형 AI는 우리가 배우고 일하고 살아가는 방식 자체를 근본적으로 바꿉니다. 여섯 가지 문제점 중 두 번째는 이러한 기술 변화가 가져오는 사회 구조와 사람관계의 변화, 즉 사회적 영향입니다. 특히 일자리 대체로 인한 노동 시장 변화가 가장 두드러집니다. 단순 업무부터 시작해서 점차 전문직까지 AI 대체 또는 보완이 확산되고 있으며, 이는 실업 문제와 직결되죠. 내가 지원할 만한 회사의 채용 인원이 줄고, 경력직으로 다른 회사로 옮기려고 하는데 빈자리가 안 납니다.

소프트웨어 개발자 구인 공고가 2020년 2월 이후 30% 이상 줄어들었고, 2024년 1월 이후 약 13만 7000개의 일자리가

생성형 AI로 인한 사회적 영향(표 9)

영향	내용	문제점	예상 위험	대응책
일자리 대체 및 노동 시장 변화	AI 기술 발전으로 인한 자동화와 자율화	•단순 반복 직무 자동화 •언어 관련 직종 위협 •실업률 증가	•전문직 대체 확대 •노동 시장 구조 붕괴 •고용 불안정성 증가	•직무 재설계 •재교육 지원 •사람-AI 협업 모델 개발
사회적 불평등 심화	AI 기술 접근성과 활용 능력의 차이로 인한 계층화 발생	•소득 격차 심화 •취업 기회 불평등 •정보 접근성 차이	•계층 이동성 감소 •사회 양극화 가속 •디지털 소외 계층 확대	•보편적 AI 교육 •취약 계층 지원 •기술 접근성 향상
세대 간 디지털 격차 심화	연령대별 AI 활용능력차이로 인한 세대간 격차확대	•고령층 적응 어려움 •세대 간 소통 단절 •고령층 서비스 소외	•세대 간 갈등 심화 •고령층 고립화 •사회 통합 저해	•세대별 맞춤 교육 •디지털 포용 정책 •세대 통합 프로그램
AI 의존도 증가와 인간 능력 퇴화	과도한 AI 의존으로 인한 인간 고유 능력 약화	•과도한 의존도 •문제 해결 능력 감소 •창의성 저하	•비판적 사고 약화 •독자적 판단력 상실 •인지 능력 퇴화	•균형적 AI 활용 교육 •인간 고유 능력 강화 •적정 기술 가이드라인
문화적 다양성 훼손	글로벌 AI 서비스의 획일화된 기준으로 인한 지역 고유성상실	•언어 다양성 감소 •문화 콘텐츠 획일화 •지역성 약화	•문화 정체성 상실 •창작 다양성 감소 •문화 종속 심화	•지역 특화 AI 개발 •문화 다양성 보존 정책 •로컬라이제이션 강화
사회 복원력 약화	AI 시스템 의존도 증가로 인한 사회 시스템의 취약성 증가	•시스템 의존도 심화 •대체 수단 부재 •위기 대응력 약화	•시스템 실패 위험 •사회 혼란 가능성 •회복 탄력성 저하	•백업 시스템 구축 •위기 관리 체계 강화 •인적 역량 유지

사라졌는데, 앞으로도 이러한 상황은 계속될 것입니다. 대량 해고에서 살아남은 개발자의 경우도 상황은 좋지 않습니다. 2023년 대비 평균 급여는 겨우 0.95% 증가했고, 초급 개발자의 경우 스톡옵션 보상은 2019년 이후 평균 55%나 감소했다고 합니다. 다만, 아직까지 초기 단계인 AI 개발자의 경우 여전히 손쉽게 일자리를 찾고 연봉 수준이 약 13억 원(100만 달러)에 달한다고 합니다(안갑성, 2024.09.20).

AI 기술이 이제 막 걸음마 단계인 것을 고려하면, 적어도 당분간은 AI 개발자의 몸값은 계속 오르겠죠? 또한 디지털 격차로 인한 사회적 불평등 심화와 AI 의존도 증가로 인한 인간 능력 퇴화도 우려되는 점입니다.

세 번째 문제인 윤리적, 법적 측면에서는 저작권 침해와 개인정보 보호 문제가 가장 중요할 것 같습니다. 생성형 AI의 학습 데이터 수집 과정에서의 저작권 침해와 생성물의 저작권 귀속 문제는 아직 명확한 법적 해결책이 마련되지 않았습니다. 또한 생성형 AI 시스템의 결정에 대한 책임 소재가 불분명한 것도 큰 과제죠. 법은 기술에 비해 늘 뒤처지기 마련이고, 윤리는 장기간에 걸친 사회적 합의가 필요하기 때문에, 당분간 이러한 불확실성 속에서 생성형 AI와 공존해야 할 것입니다.

네 번째 문제인 AI 편향과 차별 문제는 특히 주목해야 할 부분입니다. 학습 데이터의 편향성으로 인해 성별·인종·문화적

영향	내용	문제점	예상 위험	대응책
저작권 침해 및 지적 재산권 분쟁	데이터 수집 과정에서 저작권 침해와 생성물의 저작권 귀속 문제	• 무단 데이터 수집·활용 • 창작자 권리 침해 • 저작권 분쟁 증가	• 창작 산업 위축 • 법적 비용 증가 • 배상 책임 확대	• 저작권법 개정 • 공정 이용 기준 마련 • 라이선스 체계 구축
개인정보 보호 및 프라이버시 침해	개인정보 수집과 활용 과정에서의 프라이버시 침해	• 개인정보 유출 • 동의 없는 정보 활용 • 프로파일링 피해	• 대규모 정보 유출 • 감시 사회화 • 개인 자유 침해	• 개인정보 보호법 강화 • 익명화 기술 개발 • 동의 체계 개선
윤리적 책임 소재 불분명	AI 시스템의 결정과 행동에 대한 책임 소재 불분명	• 책임 소재 모호 • 피해 구제 어려움 • 법적 공백 발생	• 대규모 피해 발생 • 소송 증가 • 배상 문제 복잡화	• 책임 소재 법제화 • 보험 제도 도입 • 인증 체계 구축
법적·규제적 프레임워크 부재	AI 기술 관련 법과 규제 체계가 미비	• 법적 규제 공백 • 윤리 기준 부재 • 피해 구제 한계	• 무분별한 AI 확산 • 사회적 혼란 가중 • 국제 규범 충돌	• 법·제도 정비 • 국제 표준 참여 • 윤리 가이드라인 수립
AI 기업의 독과점 문제	소수 거대기업의 독점으로 인한 시장 지배력 강화	• 시장 독점화 • 경쟁 제한 • 기술 격차 심화	• 혁신 저해 • 서비스 종속 • 가격 왜곡	• 반독점법 강화 • 기술 공유 촉진 • 스타트업 지원

차별이 AI 시스템에 내재화되는 현상이 발생하고 있으며, 이는 기존의 사회적 불평등을 더욱 강화할 우려가 있기 때문이죠. 주요 생성형 AI는 대부분 미국 기업이 만들었기 때문에, 미국의 관점으로 내용이 생성됩니다. 그리고 학습한 언어가 영어이기

영향	내용	문제점	예상 위험	대응책
성별·인종·문화적 편향	AI 모델 학습 데이터의 편향성으로 인한 차별	•성별, 인종, 문화적 차별 •혐오 표현 생성	•구조적 차별 심화 •사회적 갈등 확대 •평등권 침해	•데이터 다양성 확보 •편향성 감지 시스템 •공정성 평가 도구 개발
소수자 차별 강화	주류 데이터 중심의 학습으로 인한 소수자·약자 집단 차별	•서비스 접근성 제한 •의료·복지 차별 •소수자 의견 배제	•소수자 권리 침해 •사회적 고립 심화 •불평등 구조화	•포용적 AI 개발 •소수자 데이터 확보 •접근성 기준 수립.
특정 지역·언어 중심 편향	영어 및 서구 중심의 데이터로 인한 지역·언어적 편향	•언어 서비스 격차 •문화적 오해 발생 •지역 특성 무시	•문화 종속 심화 •언어 다양성 감소 •지역 격차 확대	•다국어 모델 개발 •지역 특화 데이터 구축 •문화적 맥락 반영
사회적 고정관념 재생산	AI 시스템이 기존의 사회적 고정관념과 편견을 학습하고 강화	•성역할 고정관념 •직업 편견 강화 •외모 차별	•편견의 제도화 •차별의 정당화 •사회 진보 저해	•데이터 선별 기준 •편견 제거 알고리즘 •사회적 영향 평가
경제적 불평등 심화	AI 기술 접근성의 경제적 격차로 인한 불평등 심화	•서비스 이용 제한 •교육 기회 격차 •정보 접근 불평등	•계층 이동성 저하 •디지털 양극화 •기회 불평등 고착화	•보편적 서비스 제공 •비용 지원 정책 •공공 AI 서비스 확대
데이터 수집과정의 편향성	데이터 수집 과정에서 발생하는 체계적 편향	•데이터 대표성 부족 •표본 편향 •측정 오류	•편향된 의사결정 •잘못된 정책 수립 •자원 배분 왜곡	•데이터 수집 체계화 •품질 관리 강화 •다양한 데이터 소스 활용

▶ 죽어라 뛰어야만 그나마 제자리, 붉은 여왕 가설

때문에 영어권 기반의 가치관을 갖겠죠. 생성형 AI 사용자는 알게 모르게 편향된 결과물을 사용하게 되는 겁니다.

한 연구는 이러한 편향성이 생성형 AI의 '정렬(alignment)' 과정에서 더욱 심화될 수 있음을 보여 줍니다(Ryan, et al., 2024). 정렬이란 AI를 인간의 의도와 가치에 맞게 조정하는 과정을 말합니다. 기본적인 언어 모델에 '지시 사항 따르기'나 '도움이 되는 답변하기'와 같은 인간의 선호도를 반영하는 것이죠. 예를 들어, 유해하지 않은 답변을 하도록 하거나, 더 친절하고 도움이 되는 방식으로 대화하도록 만드는 과정입니다. 연구진이 여러 생성형 AI 모델을 분석한 결과, 정렬 과정을 거친 후 AI 모델들이 미국의 가치관과 의견에 더 가까워지는 현상이 뚜렷하게 나타났습니다. 특히 요르단(중동), 중국(아시아), 나이지리아(아프리카)와 같은 비서구권 국가들의 경우, 정렬 과정 후 모델의 의견이 이들 국가보다 미국의 의견에 더 가까워지는 경향을 보였습니다. 반면 독일, 호주와 같은 서구권 국가들의 경우 미국과의 의견 차이가 크게 변화하지 않았습니다. 의도치 않게 발생한 이러한 편향이 장기적으로 어떤 영향을 미칠지 우려스럽습니다.

다섯 번째 문제인 기술적 한계 측면에서는 생성형 AI 생성물의 진위 판별 어려움과 환각 현상이 대표적인 사례입니다. 특히 의사결정 과정을 설명하기 어려운 블랙박스 문제는 생성형 AI 시스템의 신뢰성과 직결되는 중요한 과제죠. 앞에서 배운 것

영향	내용	문제점	예상 위험	대응책
AI 생성물의 진위 판별 어려움	진위 여부 판단이 어려운 콘텐츠 생성	• 가짜 정보 식별 곤란 • 저작물 진위 논란 • 법적 증거력 문제	• 정보 신뢰도 하락 • 사회적 혼란 가중 • 법적 분쟁 증가	• AI 워터마크 기술 개발 • 진위 판별 도구 보급 • 인증 시스템 구축
AI 모델의 환각 현상	잘못된 정보를 사실인 양 제시	• 잘못된 정보 전파 • 의사결정 오류 • 신뢰도 하락	• 중요 판단 오류 • 책임 소재 문제 • 시스템 신뢰 붕괴	• 팩트체크 시스템 • 불확실성 표시 기능 • 검증 체계 강화
AI 시스템의 블랙박스 의사결정	AI의 의사결정 과정 이해의 어려움	• 의사결정 불투명 • 결과 설명 불가 • 책임 소재 불분명	• 법적 책임 문제 • 윤리적 판단 어려움 • 사용자 불신 증가	• 설명 가능한 AI 개발 • 의사결정 추적 시스템 • 투명성 가이드라인
성능의 불안정성과 예측 불가능성	일관된 결과 보장의 어려움	• 서비스 품질 불안정 • 신뢰성 저하 • 사용성 제한	• 중요 시스템 장애 • 안전 문제 발생 • 책임 소재 논란	• 품질 관리 체계 • 성능 평가 기준 • 안정성 테스트 강화
컴퓨팅 자원의 한계	컴퓨팅 파워와 저장 공간의 물리적 한계	• 개발 비용 증가 • 접근성 제한 • 확장성 한계	• 기술 발전 정체 • 자원 부족 심화 • 비용 부담 증가	• 경량화 기술 개발 • 효율적 알고리즘 • 분산 처리 기술

처럼, 원인도 모르고 방법도 모르기 때문에 우리가 할 수 있는 것은 아무것도 없답니다.

마지막으로 악용 위험은 가짜 뉴스 생성, 딥페이크, 사이버 범죄 등 다양한 형태로 나타나고 있습니다. 이러한 위험은 개인

영향	내용	문제점	예상 위험	대응책
가짜 뉴스·허위 정보 확산	AI를 이용한 허위 정보의 대량 생성과 빠른 확산	• 허위 정보 급증 • 여론 조작 용이 • 사회 혼란 야기	• 민주주의 위협 • 사회 신뢰 붕괴 • 정보 생태계 파괴	• 팩트체크 시스템 강화 • 디지털 리터러시 교육 • 콘텐츠 검증 기술 개발
교육 분야 부정행위	AI 활용한 부정행위로 공정 평가 위협	• 과제 표절 증가 • 평가 신뢰도 하락 • 학습 의욕 저하	• 교육 체계 붕괴 • 학력 신뢰도 하락 • 교육 불평등 심화	• 평가 방식 혁신 • 부정행위 탐지 시스템 • AI 활용 교육 방안 수립
딥페이크 등 악의적 사용	개인 사생활 침해와 사회적 피해	• 명예 훼손 증가 • 사생활 침해 • 신분 도용	• 대규모 사기 증가 • 정치적 악용 • 사회 불안 가중	• 딥페이크 탐지 기술 • 법적 규제 강화 • 디지털 서명 의무화
사이버 범죄 도구화	AI를 활용한 사이버 범죄의 고도화	• 해킹 공격 증가 • 스팸·피싱 정교화 • 보안 위협 증가	• 금전적 피해 확대 • 개인정보 대량 유출 • 시스템 보안 위협	• 보안 기술 강화 • 모니터링 체계 구축 • 국제 공조 강화
프라이버시 침해 자동화	AI를 활용한 프라이버시 권리 침해	• 무단 정보 수집 • 행동 패턴 분석 • 사생활 감시	• 감시 사회화 • 개인 자유 제한 • 인권 침해 심화	• 프라이버시 보호법 강화 • 암호화 기술 발전 • 동의 기반 시스템 구축
자율 무기 시스템 위험	AI 기반 무기 시스템 개발과 확산으로 인한 안보 위협	• 무기 개발 경쟁 • 통제 어려움 • 오판 위험	• 군비 경쟁 가속 • 무차별 공격 위험 • 국제 분쟁 심화	• 국제 규제 체계 • 윤리 지침 수립 • 검증 체계 구축

의 프라이버시 침해부터 사회 전반의 신뢰 붕괴까지 광범위한 피해를 초래할 수 있죠. 악용 사례를 막기 위한 법이 만들어지고 규제가 강화되겠지만, 결국 '소 잃고 외양간 고치기' 식이 될 것입니다.

이렇게 문제점들을 공부해 보니까 생성형 AI를 사용하기 싫어졌나요? 이런 문제가 예측되는데도 예방을 하지 못하는 정부가 이해가 안 될 수도 있죠. 다시 말하지만, 자본주의는 가혹합니다. 이익이 보이는데 멈추는 행동을 절대 하지 않을 것입니다. 그리고 우리도 문제죠. 우리는 미래의 불확실한 위험보다 현재의 확실한 혜택을 선택하고 있습니다. 결국 우리가 마주한 것은 기술의 문제가 아닌, 인간의 본질적인 모순일지도 모릅니다.

▶ 붉은 여왕 가설, 멈추면 죽는 거야!

생성형 AI의 문제점을 공부하면서 불편한 마음이 들었나요? 생성형 AI가 만드는 문제가 많아 보이고, 예측되는 위험도 크게 느껴지죠. 하지만 걱정이 해결해 주는 것은 아무것도 없습니다. 우리는 우리가 해야 할 일을 그저 착실히 준비할 뿐입니다.

루이스 캐럴(Lewis Carroll)의 《거울 나라의 앨리스(Through the Looking-Glass)》에는 흥미로운 장면이 나옵니다. 붉은 여왕과 앨리스가 함께 달리는 장면인데, 앨리스는 아무리 달려도 제자리에 머물러 있다는 것을 깨닫습니다. 이에 붉은 여

붉은 여왕 가설은 〈거울 나라의 앨리스〉의 한 대목에서 착안했습니다. (그림 25)

왕이 말합니다.

"여기서는 힘껏 달려 봐야 제자리야. 다른 곳으로 가고 싶다면, 적어도 지금보다 두 배는 더 빨리 달려야 해."

이 이야기에서 착안한 밴 베일런(Van Valen)의 '붉은 여왕 가설(Red Queen Hypothesis)'은 생물이 계속 변화하는 환경에서 생존하기 위해서는 끊임없이 적응하고 진화해야 한다고 주장합니다(Van Valen, 1973). 현재 우리가 직면한 생성형 AI 시대도 마찬가지입니다. 기술 혁신의 속도가 빨라질수록, 적응하지 않는 것은 곧 뒤처지는 것을 의미합니다.

앞에서 우리가 생성형 AI의 문제점을 살펴본 이유는, 수많은 문제 때문에 사용하지 말자는 의미가 아니라, 문제점을 이해한 상황에서 더 적극적이고 현명하게 활용하자는 것입니다. 환

●　●　●　○ **PART 3**

경 문제를 알기에 필요한 만큼만 사용하고, 편향성을 알기에 다양한 관점에서 검증해야 하며, 환각 현상을 알기에 중요한 정보는 반드시 확인해야 한다는 것을 알게 된 것이죠.

그렇다면 우리는 무엇을 준비해야 할까요? 여러분이 잘 아는 스마트폰을 통해 설명해 보겠습니다. 여러분에게 스마트폰은 없어서는 안 될 존재입니다. 그렇다면 이런 질문을 던져 볼까요? 여러분은 스마트폰의 기술적 특징을 잘 알고 있나요? 스마트폰을 만들기 위해서 어떤 하드웨어가 필요하고, 스마트폰을 작동시키는 iOS나 안드로이드의 원리를 알고 있나요? 대부분의 스마트폰 사용자는 이런 기술적인 내용을 알지 못합니다. 아니, 알 필요도 없죠. 중요한 것은 '스마트폰을 어떻게 활용할 것인가?'입니다. 일상생활에서 소통을 위해서, 공부를 위해서, 일을 위해서, 취미를 위해서 등 다양한 목적을 위해 스마트폰을 잘 사용하면 되는 것입니다.

생성형 AI 역시 마찬가지입니다. 스마트폰을 사용하기 위해서 스마트폰의 하드웨어나 소프트웨어 기술을 알 필요가 없듯이, 생성형 AI를 사용하기 위해서 굳이 프로그래머가 될 필요는 없습니다. 중요한 것은 '생성형 AI를 어떻게 활용할 것인가?'입니다. 여러분의 사용 목적에 맞게 생성형 AI를 잘 활용하는 것이 중요한 거죠.

스마트폰을 구매한 후 여러분은 여러분의 필요에 맞게 앱을 다운로드했을 겁니다. 때로는 기꺼이 돈을 지불하면서까지 유료 앱을 다운로드하기도 했겠죠. 여러분에게 유용했기 때문일 것입니다. 반드시 사용해야 하는 앱의 경우는 유튜브에서 정보를 수집하기도 했을 것이고, 앱을 사용한 친구에게 추천을 받기도 했을 것입니다. 생성형 AI도 마찬가지입니다. 여러분의 필요에 따라 다양한 생성형 AI 중에서 선택할 수 있습니다. 그리고 활용해 보십시오. 따로 공부할 것도 없습니다. 갖고 놀다가 잘 모르면 유튜브 검색을 해서 따라가면 됩니다.

이처럼 생성형 AI를 이해하고 현명하게 활용할 수 있는 능력을 일컬어 'AI 리터러시(literacy)'라고 합니다. AI 리터러시는 개인이 AI 기술을 비판적으로 평가하면서도, 효과적으로 소통하고 협업하며, 다양한 환경에서 AI를 도구로 사용할 수 있는 역량을 말합니다. AI 리터러시는 다섯 가지 핵심 질문에 답할 수 있는 능력을 포함합니다(Long & Magerko, 2020). AI가 무엇인지, 무엇을 할 수 있는지, 어떻게 작동하는지, 어떻게 사용되어야 하는지, 그리고 사람들이 AI를 어떻게 인식하는지를 이해하는 것입니다. 이러한 이해를 바탕으로 우리가 생성형 AI 시대에 뒤처지지 않고, 생성형 AI라는 도구를 활용해서 자신의 역량을 발휘할 수 있는 것입니다.

이러한 AI 리터러시를 바탕으로, 우리는 이제 'AI 시민성(AI Citizenship)'을 키워야 합니다. 시민성은 사회 공동체 안의 개인이 시민으로서 가져야 할 자질·덕목을 갖추기 위한 역할을 의미합니다(Kymlicka & Norman, 1994). 시민성이 중요한 이유는 민주주의의 기초이자 사회 통합의 기반이며, 이를 통해 사회 발전을 이룰 수 있기 때문입니다. 시민으로서 누릴 수 있는 기본권을 법적으로 보호받으면서, 공동체의 의사결정 과정에 참여함으로써 사회 발전의 책임자이자 권리자로 존재하는 것이죠. 물론 이에 따른 책임도 있습니다. 법과 규범을 준수하면서, 나의 권리를 존중받듯이 다른 구성원의 권리도 존중하며, 더욱 적극적으로 공공선을 위해 자발적 활동을 하고 사회 공동체의 발전을 위한 책임을 집니다. 시민성은 시대에 따라 그 의미가 변화되어 왔습니다.

생성형 AI 시대가 요구하는 AI 시민성은 AI 시대의 시민으로서 삶을 영위하기 위해 필요한 역량으로, AI를 활용할 수 있는 기술 역량, AI를 대하는 윤리적인 태도 역량, AI를 통한 사회적인 소통 역량을 말합니다(박상아, 2023). UNESCO는 2021년 채택한 'AI 윤리 권고안'을 통해 AI 시대의 시민이 가져야 할 권리와 책임을 제시했습니다(UNESCO, 2021). 정부, 학계, 미디어, 시민 단체, 민간 부문이 협력하여 AI 리터러시와 디지털 기술 교육을 증진해야 한다고 말합니다. 시민들은 이러한 교육에 참여하고 AI에 대한 이해를 높이며, AI가 사회에 미치는 영향에 대해 관심을 가져야 합니다. AI 시대의 시민은 AI 시스템의 결정에 대해 설명을 요구하고 이해할 권리가 있으며, 특히 보안이나 인권에 영향을 미치는 AI의 결정에 대해서는 시민들이 충분한 설명을 들을 수 있어야 하며, 불공정한 결과에 대해서는 이의를 제기하고 검토를 요구할 수 있어야 한다고 강조합니다. 또한 개인정보 보호와 프라이버시에 대한 권리를 보장해야 한다고 주장합니다.

특히 주목할 만한 것은 UNESCO가 강조하는 '사람 중심의 AI' 개념입니다. AI는 사람의 능력을 대체하는 것이 아니라 증진하는 도구가 되어야 하며, 생명이나 건강과 같은 중요한 결정은 여전히 인간의 몫이어야 함을 강조합니다. 시민이 단순히 AI의 수동적 사용자가 아니라, AI의 발전 방향을 결정하는 주체가 되어야 함을 의미하는 것이죠. 제가 이 책에서 일관되게 주장한, AI는 도구일 뿐이며, 결국 사람을 위한 도구여야 함을 강조한 것과 결을 같이합니다. 이처럼 AI 시민성은 새로운 시대에 걸맞게 우리에게 새로운 권리와 책임을 부여합니다.

AI에 관한 결정은 답이 정해진 게 아닙니다. 가장 중요한 것은 사회적 합의입니다. 자율주행 자동차가 고장이 났을 때, 운전자를 우선 보호하도록 프로그래밍할지, 밖에 있는 보행자를 우선 보호해야 할지, 아니면 아무런 조치도 취하지 말고 그냥 사고가 나게 할지를 결정하는 것은 자동차 회사도, AI 회사도, 정부도 아닙니다. 이 사회를 구성하고 있는 시민의 판단이 결국 가장 중요한 판단 근거가 될 것입니다. 그러니 AI와 관련된 문제에 대해서 정부와 전문가의 몫이라고 생각하고 한 발 뒤에 물러나 있기보다는, 자신의 의견을 적극적으로 내세워 가장 합리적인 결정이 될 수 있도록 우리 모두가 노력해야 합니다. 이것이 바로 시민성의 결정체일 것입니다.

정리하면, 결국 우리가 마주한 것은 기술의 문제가 아닌, 그것을 어떻게 활용할 것인가 하는 사람의 문제입니다. '생성형 AI 때문에 우리는 어떻게 되는 거야?'가 아니라, '생성형 AI라는 좋은 도구가 있는데 이것을 어떻게 활용하지?'라는 질문을 던져야 하는 거죠. 붉은 여왕의 말처럼 우리는 계속 달려야 합니다. 하지만 무작정 달리는 것이 아니라, AI 리터러시와 AI 시민성을 갖추고 이 새로운 도구를 현명하게 활용하면서 달려야 합니다. 그것이 바로 생성형 AI 시대를 맞이한 우리가 해야 할 일입니다.

아시모프 법칙, 잘 지켜질까?

법과 규정이 존재하는 이유는 '할 수 있는 것'과 '하지 말아야 할 것'을 정의한 후에야 결정이 자유로울 수 있기 때문입니다. 어떤 행동을 할 때, 판단 근거가 없다면 혼란스럽겠죠? 그래서 아이는 늘 부모님께 묻습니다. 먹어도 되는 것인지, 놀아도 되는 것인지……. 우리가 지금 아무렇지도 않게 하는 모든 행동은 그동안 가정과 학교에서 의도적이든 비의도적이든 다양한 방식의 교육 과정을 통해서 법적으로 그리고 사회 관습적으로 할 수 있는 것과 하지 말아야 할 것을 배워 왔기 때문입니다.

기업도 마찬가지죠. 기업 활동을 할 수 있는 근거는 법입니다. 법에 규정된 것만 하거나, 또는 법에 하지 말라고 규정된 것만 안 해도 되는 것이죠. 한국은 할 수 있는 것만 규정한 포지티브(positive) 규제국입니다. 법률과 정책에서 허용되는 것들을 나열하고 그 외의 것들은 모두 허용하지 않는 규제를 의미하죠. 반면 미국은 네거티브(negative) 규제국입니다. 법률이나 정책으로 금지된 것이 아니면 모두 허용하는 규제죠. 별것 아닌 것 같지만, 이 차이는 큽니다. 전자는 할 수 있는 것을 정했기 때문에 혁신이 이루어지기 힘듭니다. 적혀 있는 내용만 할 수 있으니까, 우리의 상상력을 기반으로 한 혁신이 이루어지기 힘들죠. 반면 후자는 상상력을 발휘하기가 좋습니다. 규정된 것만 안 하면 되니까, 그것만 피하면 모든 것이 가능하다는 뜻이니 혁신이 이루어질 수 있습니다.

로봇 제작 원칙으로 전 세계가 가장 보편적으로 받아들이고 있는 아시모프의 법칙은 1950년에 아시모프가 쓴 《아이, 로봇(I, Robot)》이란 책에 제안된 세 개의 원칙입니다.

(원칙 1) 로봇은 인간에게 해를 입혀서는 안 된다. 인간이 해를 입는 것을 모른 척해서도 안 된다.
(원칙 2) 1원칙에 위배되지 않는 한 로봇은 인간의 명령에 복종해야 한다.
(원칙 3) 1원칙과 2원칙에 위배되지 않는 한 로봇은 자신을 보호해야 한다.

이 원칙은 인간에게 해를 끼치지 않는 것 외에 모든 것을 할 수 있지만, 인간의 명령에 복종하고, 자신을 보호해야 한다는 것을 명시하고 있습니다. 이렇게 '하지 말 것'과 '할 것'을 정했기 때문에, 앞으로 로봇이 개발되어도 인간을 위협하지 못할 것이라는 낙관적 관점을 갖게 되는 것이죠. 하지만 문제는 '현실적으로 이것을 따를 것이냐?'의 문제입니다.

UN 헌장 2조 4항은 "모든 회원국은 그 국제 관계에 있어 다른 국가의 영토 보전이나 정치적 독립에 대하여 또는 국제연합의 목적과 양립하지 아니하는 어떠한 기타 방식으로도 무력의 위협이나 무력행사를 삼간다."라고 규정하고 있습니다. 그러나 슬프게도 이 조항은 역사 속에서 휴지처럼 다루어졌습니다. 지금도 세계 곳곳에서는 국가 간 무력의 위협과 행사가 이루어지고 있습니다. 미국과 중국의 패권 전쟁이 더 심화되고 있는 지금, 로봇 제작 원칙은 잘 지켜질까요? 그리고 AI 기술은 무기 개발과 운영에 얼마나 큰 영향력을 미칠까요? 두려움이 더 커지는 오늘입니다.

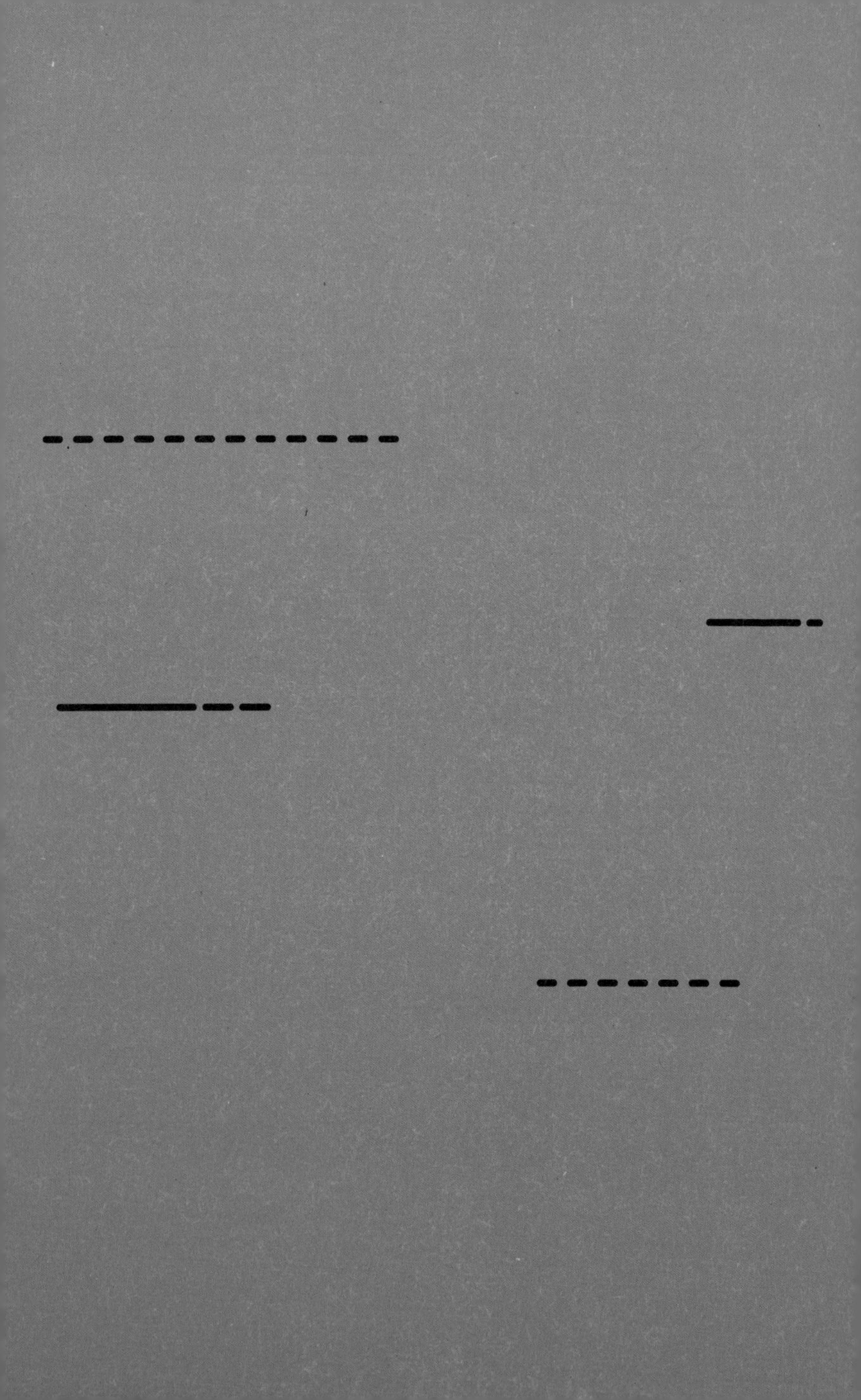

PART 4
하면 된다
vs.
되면 한다

생성형 AI로 미래 준비하기

▷ 1:1 과외는 최고의 교육 방법론

드문 경우지만 과외를 받는 학생이 있습니다. 과외는 정말 효과적인 학습 방법일까요? 미국에서는 이미 1980년대에 과외의 효과를 연구(Bloom, 1983)한 적이 있는데요, 이 결과를 통해서 생성형 AI의 의미를 알아보겠습니다.

이 연구는 초등학생과 중학생을 대상으로 3주 동안 11차시로 구성된 일반 수업, 완전 학습, 1:1 과외라는 세 가지 교육 조건의 효과를 비교했습니다. 일반 수업(Conventional Instruction)에서는 교사 한 명당 약 30명의 학생으로 구성된

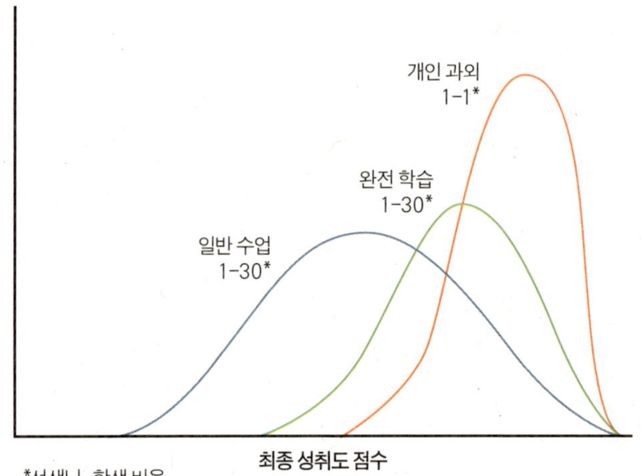

일반 수업, 완전 학습, 개인 과외 수업에서의 학생들의 성취도 분포(그림 26)

일반적인 학급 환경에서 정기적으로 시험을 실시하여 학생들의 성적을 평가했습니다. 학생들의 학습 속도나 이해도의 차이를 크게 고려하지 않았으며, 추가적인 피드백이나 틀린 문제를 이해시키는 활동 등은 제한적이었습니다. 반면, 완전 학습(Mastery Learning)은 일반 수업과 마찬가지로 교사 한 명당 약 30명의 학생으로 구성하여 기본적인 수업 내용은 일반 수업과 유사하게 진행했지만, 평가를 통해 학생들의 이해도를 정기적으로 확인하고, 평가 결과에 따라 피드백을 제공하고 내용을 이해할 수 있는 과정을 거쳤고, 이후 추가 평가를 통해 학생들의 습득 정도를 재확인하는 단계를 거쳤습니다. 대부분의 학생이 목표 수준에 도달할 때까지 이 과정을 반복하며, 일반 수업과의 차별점을 두었습니다. 마지막으로 1:1 과외는 완전 학습 과정과 동일하고 단지 학생 수의 차이만 두어서, 한 명의 선생님이 한 명의 학생을 가르쳤습니다.

연구 결과, 1:1 과외를 받은 학생들은 일반 수업을 받은 학생들보다 평균적으로 2 표준편차(2 sigma) 높은 성취도, 즉 상위 2%에 해당하는 성취도를 보였고, 완전 학습 방식으로 학습한 학생들은 일반 수업 학생들보다 약 1 표준편차 높은 성취도, 즉 상위 16%에 해당하는 성취도를 보였습니다. 또한 1:1 과외 그룹의 90%, 완전 학습 그룹의 70%가 일반 수업 그룹의 상위 20% 수준에 도달했습니다.

이 연구는 1:1 과외가 가장 효과적인 교육 방법임을 보여 줍니다. 주기적인 평가와 피드백을 주고 완전히 이해할 때까지 가르치는 과정의 중요성을 알려 주지요. 1:1 과외에서는 학생들의 수업 참여도가 90% 이상으로 매우 높게 나타났고, 학생들의 태도와 흥미 또한 가장 긍정적이었으며, 가장 중요한 것은 적성이나 성취도 같은 사전 능력과 최종 성취도 간의 상관관계가 가장 낮았다는 것입니다. 즉, 개인의 능력에 상관없이 1:1 과외는 높은 성취도를 가져올 수 있다는 것이죠. 이는 대부분의 학생들이 높은 수준의 학습 잠재력을 가지고 있음을 증명하는 것으로, 학생들에게 이러한 조건만 제공한다면 훌륭한 결과를 가져

생성형 AI 학습 시스템을 활용하면 1:1 과외 환경을 구현할 수 있습니다. (그림 27)

올 수 있다는 것을 보여 줍니다.

문제는 우리 모두 알고 있듯이, 실제 교육 현장에서 이와 같은 1:1 과외를 할 수 없다는 것입니다. 그렇다면, 1:1 과외의 효과를 어떻게 그룹 교육에서도 달성할 수 있을까요? 일반 교육 환경에서 1:1 과외 환경을 구현할 수만 있다면 학생은 자신이 갖고 있는 잠재력을 더욱 잘 발휘할 수 있을 텐데요. 그래서 저는 생성형 AI 학습 시스템을 적극 활용할 것을 제안합니다.

▷ 공부하고 일하는 데 생성형 AI를 사용해도 될까?

우리나라는 수능 수학 시험을 치를 때 전자계산기를 사용할 수 없습니다. 중고등학교 수학 수업 시간에 전자계산기를 사용하지도 않죠. 물론 여기에는 나름대로 이유가 있겠죠? 그런데

 ● ● ● ● **PART 4**

그 이유가 정말 타당할까요?

　미국에서는 전자계산기 사용 논쟁이 1970년대부터 있어 왔고, 이미 이 논쟁은 정리가 됐습니다. 먼저 전자계산기가 도입될 당시 미국 상황을 살펴보겠습니다. 1975년, 전자계산기의 보급률이 미국인 아홉 명당 한 대에 이를 정도로 확산되었음에도 불구하고, 당시 실시된 설문 조사에서는 교육자, 수학자, 그리고 일반 대중의 약 72%는 중학생이 수학 수업에서 전자계산기를 사용하는 것에 반대했습니다(Pendelton, 1975). 전자계산기를 사용하기 전에 수학에 대한 기본 개념을 먼저 배우고, 계산기가 어떤 과정을 통해서 답을 제공하는지 그 원리를 먼저 이해해야 한다고 믿었기 때문입니다.

　2000년대 들어서 그동안 전자계산기에 관한 연구를 집대성한 논문이 발표됐습니다(Ellington, 2003). 1983년부터 2002년 3월까지 발표된 총 54개의 관련 연구를 분석한 것인데, 전자계산기 사용이 학생들의 수학에 대한 태도와 능력 등에 미치는 영향을 종합적으로 분석했습니다. 그 결과, 전자계산기를 수업에서 사용하고 시험에서도 허용했을 때, 기본적인 산술 처리를 하는 계산 능력(computational skills), 복잡한 수학적 과정을 처리하는 연산 능력(operational skills), 수학적 개념 이해도, 문제 해결 능력, 수학에 대한 태도 등에서 긍정적 효과를 보이는 것으로 나타났습니다. 특히 9주 이상 장기간 계산기를 사용했을 때, 학생들의 연산 능력과 수학에 대한 태도가 더욱 향상되었습니다.

이러한 결과는 전자계산기가 단순히 계산 도구로서의 역할을 넘어, 학생들의 전반적인 수학 능력과 태도를 향상시키는 데 도움을 줄 수 있음을 보여 줍니다. 이러한 이유 때문일까요? 현재 미국에서는 한국의 수능 시험과 같은 SAT의 수학 시험에서 전자계산기 사용에 어떠한 제한도 두고 있지 않습니다.

우리나라는 국제 수학 올림피아드에서 2012년 이후 1위 두 번, 2위 세 번, 3위 다섯 번에 오를 정도로 수학 강국입니다. 그러나 수학 수업 시간을 대하는 우리 학생들을 보면 이러한 수학 강국의 모습은 온데간데없습니다. 대부분의 학생은 수포자이고, 수학에 대한 태도는 부정적입니다. 공식을 유도하고 증명하기보다는 공식을 외워 답을 찾는 과정이 중요합니다. 이러한 과정에서는 전자계산기의 활용이 부적절할 수도 있습니다. 대체 무엇이 잘못된 것일까요?

이러한 문제는 생성형 AI의 사용에도 고스란히 적용될 수 있습니다. 학교 교육에서 생성형 AI를 사용할 것이냐의 여부는 전 세계에서 논란거리입니다. 미국의 1970년대 전자계산기 논쟁이 그랬듯이, 지금은 생성형 AI에 대해서도 학생들의 사용을 금지해야 한다는 주장이 있습니다. 학생들이 자꾸 생성형 AI를 사용하면 글을 쓰고 해석하는 능력과 비판적 사고 능력 등에 문제가 생길 것이라고 합니다.

저도 이러한 주장을 절대적으로 반대하는 것은 아닙니다. 생성형 AI 기술을 사용하는 데 있어 문제점이 전혀 없다고 주장하기는 힘들 겁니다. 그러나 사람의 육체적·정신적 노동력을 감소할 수 있는 기술, 게다가 기업의 관점에서 비용을 감소시키는 기술은 늘 확산되었다는 이제까지의 역사를 볼 때, 생성형 AI 역시 거스를 수 없는 기술이라고 생각합니다. 이러한 이유로, 교육 현장에서도 금지시키기보다는 활용하는 방법을 적극적으로 고려해야 하고, 당사자인 개인은 더욱 적극적으로 활용하여 자신의 생산성과 효율성을 극대화할 수 있는 방안을 찾아야 한다고 생각합니다.

모든 수업에 반드시 생성형 AI를 사용해야 한다고 주장하는 것은 아닙니다. 어떤 수업에서는 생성형 AI를 금지해야 하고, 어떤 수업은 사용할 수는 있지만 어느 부분에서 사용했는지 반드시 밝혀야 하고, 또 어떤 수업에서는 기본적으로 생성형 AI를 사용해야 하기에 생성형 AI 활용 여부를 굳이 밝힐 필요도 없을 겁니다.

중요한 것은 이제 생성형 AI를 활용할 수 있는 능력이 개인을 평가하는 핵심 역량으로 간주될 것이라는 점입니다. 컴퓨터와 인터넷의 보급 초기에는 그 활용 능력을 정보화 역량이라고 부르며 중요시했고, 그러다 대중에게 확산된 이후로는 컴퓨터와 인터넷의 사용이 너무나 당연해져 버렸죠. 생성형 AI 역시 초기에는 그 활용 능력을 AI 역량으로 주목할 것이고, 대중에게 확산된 이후로는 너무나 당연하게 인식될 것입니다. 따라서 이제 막 시작한 생성형 AI의 혁신 과정에 뒤처지는 어리석음을 범하지 않기를 바랍니다.

▷ 생성형 AI 활용하기

무엇보다도 언어 학습 영역에서 생성형 AI는 단순한 도구를 넘어 탁월한 선생님이 될 수 있습니다. 이를 뒷받침하는 개인적 경험을 공유하고자 합니다. 2024년 1월, 저는 스페인어권 국가인 멕시코로 여행을 간 적이 있습니다. 과거 비영어권 국가 방문 시 겪었던 언어 장벽과는 달리, 이번 여행에서는 새로운 차원의 즐거운 소통 경험을 했습니다. 저는 여행 전에 ChatGPT에서 제공하는 GPT 빌더(GPT Builder)로 제 맞춤형 GPTs를 만들었습니다. 내가 좋아하는 음식에 대해 학습시킨 것이죠. 그리고 멕시코의 레스토랑에서는 스페인어로 작성된 메뉴 사진을 찍어서,

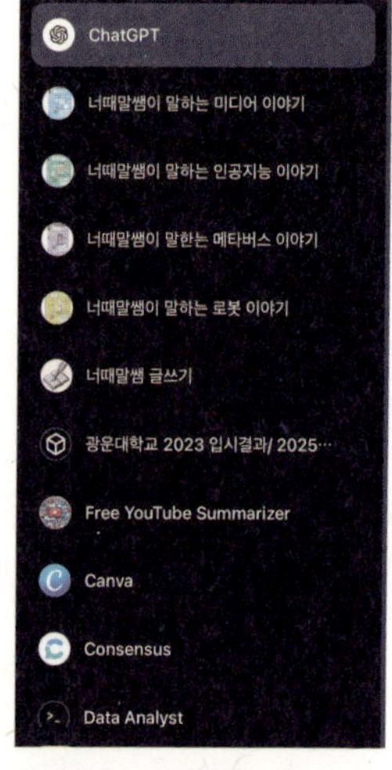

제가 만든 GPTs입니다.
이렇게 자기가 필요한 도구로
활용할 수도 있습니다. (그림 28)

이 사진을 제 맞춤형 GPT에 업로드한 후에 내가 좋아할 만한 음식을 추천해 달라고 했습니다. 이미 제 음식 취향을 알고 있는 GPT는 제 취향과 가격 등을 고려한 음식을 추천해 주었죠. 저는 단지 손가락만으로 원하는 음식을 주문했을 뿐만 아니라, GPT가 제안한 대로 살사는 매운 것으로, 고수는 더 많이, 그리고 고기는 추가한다는 복잡한 주문까지 할 수 있었죠.

회화를 연습하는 데에도 생성형 AI는 최고의 과외 선생님이 될 수 있습니다. 여러분이 원하는 상황과 상대방을 설정한 후에, 24시간 365일 언제 어디서나 회화 연습을 할 수 있습니다. 글을 쓰는 것도 문제없습니다. 여러분이 원하는 설정만 해 두면, 문법, 어휘, 내용 등 언어 관련 전 영역에서 여러분에게 딱 맞춰진 교사가 친절하게 가르쳐 줄 겁니다.

철학과 역사, 심리학, 사회학, 경제학과 같은 인문·사회과학 분야에서도 생성형 AI는 매우 좋은 선생님이 될 수 있습니다. 제 경우에는 특히 생성형 AI에게 대학생 역할을 맡기고 제가 강의하는 내용에 대해 평가를 하게 합니다. 너무 어렵지는 않은지, 예는 적절한지, 그리고 학생의 입장에서 질문을 시키곤 하죠. 그러면서 저는 제 기준이 아닌 학생의 기준에서 수업을 진행할 수 있는 조언을 듣곤 합니다. 여러분은 저와는 반대의 위치에서 생성형 AI에게 요구하면 되겠죠. "당신이 선생님(또는 교수님)이라면, 이러한 경우에 어떤 질문을 던질 것이냐?" 하는 식이죠.

사회과학 분야의 경우는 토론 또는 논쟁 형식을 통해 특정 주제에 대한 이해를 높이는 방법도 좋은 것 같습니다. 제 수업에서는 서로 다른 관점을 갖는 한 주제를 다루면서, 학생들이 서로 토론하게 하는데요, 가령 "수업에서 생성형 AI를 사용하게 해야 하는가?", "수업 시간에 스마트폰 사용을 금지시켜야 하는가?" 등과 같이 정답이 없는 주제를 정한 후 서로 자신의 생각을 밝히면서 더 타당한 방안을 제안하게끔 하죠. 이런 과정을 이제는 혼자서도 생성형 AI와 할 수 있으니, 과외 선생님을 둔 것으로 봐도 되겠죠.

프로그래밍을 공부하는 경우는 생성형 AI가 사람보다 더 좋은 선생님이 될 것 같습니다. 지금도 기초 또는 중급 분야에서는 이미 사람보다 더 잘 해내고 있다는 생각인데요, 기초적인 코딩을 하고, 궁금한 것을 해결하고, 오류를 해결하는 등 생성형 AI의 도움을 받는 일이 많아져서, 이제는 생성형 AI가 없으면 코딩을 하는 데 너무나 많은 시간이 들 것 같습니다.

다만 여전히 수학은 믿음직스럽지 못합니다. 유튜브를 보면 "이제 GPT가 수학도 잘한다", "GPT로 수학 공부하기" 같은 제목의 영상이 많은데, 아직까지 정확성이 많이 떨어집니다. 기본적인 내용을 배우는 것은 큰 문제가 없지만, 수능 시험 문제를

푸는 경우 많은 오류를 보이니, 생성형 AI로 수학 공부를 할 때
는 특히 조심하시기 바랍니다.

생성형 AI를 활용한 학습에도 제약은 있습니다. 대부분의
생성형 AI가 사용 연령에 제한을 두고 있기 때문입니다. 세부적
인 내용은 약간씩 다르지만, 대체로 13세 이상만 사용할 수 있
고, 18세 미만 사용자는 부모의 동의가 필요하며, 학교나 교육
기관에서는 교사의 감독에 사용할 수 있다는 규칙을 갖고 있습
니다. 참고로 대부분의 국가에서 인터넷 서비스를 사용할 때 사
용 기준을 13세로 삼는데, 이는 미국의 '아동 온라인 개인정보
보호법(Children's Online Privacy Protection Act: COPPA)' 때
문에 그렇습니다. 1998년에 제정된 COPPA는 13세 미만 아동
의 온라인 개인정보를 보호하기 위한 법률인데, 온라인 서비스
는 13세 미만 아동의 개인정보를 수집할 때 부모의 동의를 받
아야 하기 때문에, 아동 대상 서비스를 제외하고는 대부분의 온
라인 서비스는 13세 이상을 대상으로 합니다.

▷ 생성형 AI 시대에 필요한 역량

제가 생성형 AI의 중요성을 이야기하는 것은 여러분이 생성
형 AI 전문가가 되어야 한다고 주장하기 위해서가 아닙니다. 컴
퓨터가 보급된다고 해서 모든 사람이 컴퓨터공학자가 될 필요
는 없고, 인터넷이 확산된다고 해서 모든 사람이 네트워크 엔지

니어가 될 필요는 없습니다. 그래도 내가 하는 일에서 컴퓨터와 인터넷을 활용해서 효율성을 높일 수 있다면, 적극적으로 활용하는 것이 합리적인 행동이지 않을까요? 중요한 것은 '내가 하는 일에 생성형 AI를 어떻게 활용할 것인가?'입니다.

그렇다면 여러분이 구체적으로 생성형 AI 시대를 어떻게 준비해야 할지 알아보도록 하겠습니다. 각 시대에 따라 사회는 그 당시 추구하는 인간상을 정의하고, 이러한 이상을 실현하기 위한 목적을 제시합니다. 어느 나라든 이러한 전제에서 교육 이념과 교육 목적을 만들고, 구체적인 교육 역량을 제안하죠. 그렇다면 생성형 AI 시대가 필요로 하는 역량은 무엇일까요? 많은 책과 글을 읽어보면서 제 나름대로 역량을 정리하다가, '이것은 나보다는 생성형 AI가 더 잘 말해주지 않을까?'라는 생각을 했습니다. 그래서 현재 가장 많이 사용하는 생성형 AI인 OpenAI의 ChatGPT 4.0, Google의 Gemini, 그리고 네이버의 Clova-X와 대화하면서 생성형 AI 시대에 필요한 역량을 정리했습니다.

놀랍게도 생성형 AI가 제안한 역량은 모두 유사했습니다. 먼저, 생성형 AI의 기술을 이해하는 역량이 필요하다는 것은 너무나 당연하겠죠. 사용법을 알아야 유의미한 결과물을 발견할 수 있을 테니까요. 제가 생성형 AI 관련 강의를 처음 시작할 때 꼭 묻는 질문 중 하나가 생성형 AI 활용 여부입니다. 잘 활용하지 않는다고 답변한 사람에게 이유를 물어보면, 결과물이 만족스럽지 못하다는 말을 많이 하더군요. 그러면 저는 농담 반 진담 반으로 "내가 원하는 결과물이 나오지 않을 때는 생성형 AI의 문제가 아니라 나의 프롬프팅이 문제라고 생각하십시오."라고 대답하곤 합니다. 즉 나의 질문이, 나의 명령이 부적절했기 때문에 좋은 결과물을 가져오지 못했다는 것이죠. AI 프로그래머가 되라는 것이 아니라, AI 프로그래머가 만든 응용 프로그램을 잘 활용할 수 있는 기술을 습득하는 역량이 필요합니다. 따라서 기술적 이해는 무엇보다도 중요할 것입니다.

그리고 비판적이고 창의적인 사고 능력과 협업 능력도 필요한 역량입니다. 인터뷰를 생각해 보면 쉽게 이해할 수 있습니다. 좋은 답변을 얻기 위해서는 질문자가 답변자의 논리 위에 있어야 합니다. 그래야 답변자가 제대로 답변하는지, 답변을 피하려는지, 논리적으로 모순은 없는지 판단하고, 후속 질문을 할 수 있죠. 커뮤니케이션의 핵심 역량 중의 하나는 바로 비판적이고 창의적인 사고 능력입니다. 또한 생성형 AI를 비서처럼, 선생님처럼, 파트너처럼 활용하기 위해서는, 마치 그런 사람들과 함께 작업할 때처럼 협업 능력이 필요합니다. 생성형 AI로 작업할 때 생성형 AI를 어떻게 정의할 수 있을까요? 비록 지금은 밋밋한 창에 글을 쓰거나 말을 하는 방식으로 생성형 AI와 커뮤니케이션하고 있지만, 얼마 지나지 않아 여러분이 원하는 에이전트를 설정해서 커뮤니케이션하게 될 겁니다. Character.AI나

HeyGen과 같이 이미 서비스를 시작한 회사도 있습니다. 원하는 대상이 설정되고, 그 대상과 원하는 결과물을 얻기 위해 계속 커뮤니케이션하는 것이죠. 그렇다면 이들과 커뮤니케이션하는 과정에서 새로운 관계가 설정되지 않을까요? 이런 점에서 생성형 AI 에이전트와의 협업 역시 중요한 역량이 될 것입니다.

인간 중심 접근법과 윤리적 책임감 역시 기술을 사용하는 데 필수적인 역량이죠. 누구를 위한 생성형 AI인지 생각하면 쉽게 이해할 수 있습니다. 결국 우리가 사용하는 모든 것은 사람을 위한 것입니다. 사람을 대상으로 하기에 윤리적인 문제는 늘 결부될 수밖에 없죠.

이렇게 정리를 해 보니 뭔가 익숙하지 않나요? 생성형 AI라고 해서 뭔가 새로운 역량이 필요할 줄 알았는데, 이와 같이 정리해 보니 너무나 뻔한 것이 아닌가요? 교육부가 2015년 9월에 발표한 초·중등학교 교육과정(교육부, 2015)에 따르면 교과 교육을 포함한 학교 교육 전 과정을 통해 중점적으로 기르고자 하는 핵심 역량을 자기 관리 역량, 지식 정보 처리 역량, 창의적 사고 역량, 심미적 감성 역량, 의사소통 역량, 그리고 공동체 역량으로 정리하고 있습니다.

이를 구체적으로 설명하면, 첫 번째인 자기관리 역량은 자아 정체성과 자신감을 가지고 자신의 삶과 진로에 필요한 기초 능력과 자질을 갖추어 자기 주도적으로 살아갈 수 있는 역량입니다. 두 번째, 지식 정보 처리 역량은 문제를 합리적으로 해결하기 위하여 다양한 영역의 지식과 정보를 처리하고 활용할 수 있는 역량을 말합니다. 세 번째, 창의적 사고 역량은 폭넓은 기초 지식을 바탕으로 다양한 전문 분야의 지식·기술·경험을 융합적으로 활용하여 새로운 것을 창출하는 역량입니다. 네 번째, 심미적 감성 역량은 사람에 대한 공감적 이해와 문화적 감수성을 바탕으로 삶의 의미와 가치를 발견하고 향유하는 역량을 의미합니다. 다섯 번째, 의사소통 역량은 다양한 상황에서 자신의 생각과 감정을 효과적으로 표현하고 다른 사람의 의견을 경청하며 존중하는 역량입니다. 그리고 마지막 공동체 역량은 지역·국가·세계 공동체의 구성원에게 요구되는 가치와 태도를 가지고 공동체 발전에 적극적으로 참여하는 역량을 말합니다.

몇 가지 차이가 있기는 하지만, 2015년에 교육부가 만든 핵심 역량이나 생성형 AI 시대에 필요한 역량이나 매우 유사하다는 것을 알 수 있습니다. 그 이유는 간단합니다. 결국 생성형 AI도 이제까지 나온 수많은 기술 중의 하나이기 때문입니다. 혁명이라고 얘기할 정도로 우리 사회에 빠르고 큰 영향력을 미칠 기술이기는 하지만 근본적인 관점에서는 동일합니다. 인간을 위한 기술이고, 인간이 사용할 기술입니다. 따라서 생성형 AI 시대가 왔다고 해서 두려워하고 무엇인가 대단한 것을 준비하기보다는, 이제까지 우리가 잘 알고 있는 대로 사람을 이해하는 인간 중심의 역량을 발전시키는 것이 앞으로도 중요할 것입니다.

OpenAI의 ChatGPT 4.0이 제안하는 생성형 AI 시대에 필요한 역량

1. 기술적 이해 및 적응력: AI 기술의 기본 원리와 그 응용 방법을 이해해야 합니다. 프로그래밍, 데이터 과학, 기계 학습 등에 대한 기본 지식이 필요하며, 새로운 기술에 빠르게 적응하고 활용할 수 있는 능력이 중요합니다.

2. 비판적 사고: AI 정보와 결과를 분석하고 평가할 수 있는 능력입니다. AI가 제공하는 데이터와 추천이 왜 그렇게 나왔는지 이해하고, 그 정확성과 신뢰성을 판단할 수 있어야 합니다.

3. 창의성: AI는 반복적이고 예측 가능한 작업을 자동화할 수 있지만, 새로운 아이디어와 창의적인 해결책을 개발하는 능력은 여전히 인간에게 맡겨져 있습니다.

4. 인간 중심의 접근: 기술이 사람들의 생활을 개선하는 방향으로 사용되어야 합니다. 이를 위해 기술을 인간의 삶의 질을 높이는 데 어떻게 활용할 수 있는지 생각해야 합니다.

5. 윤리적 판단력: AI와 관련된 윤리적 문제들을 이해하고, 기술이 사회에 미치는 영향에 대해 윤리적으로 고민하며 행동할 수 있는 능력이 필요합니다. AI의 개발과 활용에 있어서 사생활 침해, 편향, 차별 등의 문제를 식별하고 이에 대응하는 방법을 배워야 합니다.

6. 팀워크 및 협업: 다양한 배경과 전문 지식을 가진 사람들과 함께 일하며, 다학제적 접근을 통해 복잡한 문제를 해결하는 능력을 키워야 합니다.

Google의 Gemini가 제안하는 생성형 AI 시대에 필요한 역량

1. 비판적 사고 능력: 생성형 AI가 제공하는 정보를 비판적으로 평가하고 신뢰성을 판단할 수 있어야 합니다. 다양한 정보원을 비교 분석하고 편견이나 오류를 발견할 수 있는 능력이 필요합니다. AI 모델의 한계점을 이해하고 윤리적 사용을 염두에 두어야 합니다.

2. 창의적 사고 능력: AI가 대체할 수 없는 독창적인 아이디어를 창출하고 문제를 해결할 수 있어야 합니다. 예술, 디자인, 글쓰기와 같은 창의적인 활동에 참여하는 것이 중요합니다. 새로운 기술과 트렌드를 탐구하고 응용할 수 있는 열린 마음을 가져야 합니다.

3. 협업 능력: AI와 효과적으로 협력하여 더 나은 결과를 얻을 수 있어야 합니다. 팀워크와 소통 능력을 키워야 합니다. 다른 사람의 관점을 이해하고 존중하는 태도가 필요합니다.

4. 기술적 이해력: 기본적인 코딩 및 프로그래밍 지식을 갖추어야 합니다. AI 시스템의 작동 방식과 기본 원리를 이해해야 합니다. 데이터 분석 및 시각화 도구를 활용할 수 있어야 합니다.

5. 적응력: 끊임없이 변화하는 기술 환경에 적응하고 새로운 기술을 빠르게 습득할 수 있어야 합니다. 새로운 상황에 유연하게 대처하고 문제를 해결할 수 있는 능력이 필요합니다. 배우고 성장하는 데 대한 열정을 가져야 합니다.

6. 윤리적 책임감: AI 기술을 책임감 있고 윤리적으로 사용할 수 있어야 합니다. AI 기술이 사회에 미치는 영향을 이해하고 긍정적인 방향으로 활용해야 합니다. 공정성, 투명성, 책임성을 중시하는 태도가 필요합니다.

네이버의 Clova-X가 제안하는 생성형 AI 시대에 필요한 역량

1. **디지털 리터러시**: 디지털 기술을 이해하고 활용할 수 있는 능력이 필요합니다.

2. **데이터 분석 능력**: 데이터를 수집하고 분석하여 의미 있는 결과를 도출하는 능력이 필요합니다.

3. **창의성**: 새로운 아이디어를 창출하고 문제를 해결하는 능력이 필요합니다.

4. **협업 능력**: 다른 사람들과 함께 작업을 수행할 수 있는 능력이 필요합니다.

5. **자기 주도 학습 능력**: 스스로 학습 목표를 설정하고 계획을 세워 학습을 진행하는 능력이 필요합니다.

6. **윤리적 판단 능력**: AI의 윤리적 문제를 이해하고, 이를 해결하기 위한 판단 능력이 필요합니다.

7. **AI 언어 이해 능력**: AI 언어를 이해하고 활용할 수 있는 능력이 필요합니다.

8. **AI 프로그래밍 능력**: AI 프로그래밍을 이해하고 활용할 수 있는 능력이 필요합니다.

9. **AI 활용 능력**: AI를 활용하여 문제를 해결하고 새로운 가치를 창출하는 능력이 필요합니다.

10. **AI 기술 습득 능력**: AI 기술을 습득하고 발전시킬 수 있는 능력이 필요합니다.

▷ 게으른 개(lazy dog)

20세기 최고의 과학자로 꼽히는 아인슈타인 박사 이야기를 해볼까요? 1879년 독일에서 태어난 아인슈타인 박사는 원자력 발전과 핵무기 개발에 응용된 $E=mc^2$라는 공식, 그리고 시간이 늘어나거나 줄어들 수 있고 공간도 휘어질 수 있다는 상대성 이론으로 유명한 과학자죠. 그런데 이처럼 위대한, 현대 물리학의 기초가 된 연구를 한 그가 학창 시절에는 소위 말하는 문제아였던 것을 아시나요?

그의 학교 생활은 그리 순탄치 않았습니다. 그는 암기식 교육을 싫어했고, 이 때문에 교사들에게 게으르다는 비난을 받곤 했죠. 심지어 그의 중학교 시절 그리스어 교사로부터는 "넌 절대 아무것도 이루지 못할 거야.(You will never amount to anything.)"라는 말까지 들었을 정도였습니다(Mamola, 2005). 하지만 사실 그는 물리학과 수학에서 남다른 재능을 보였고, 미적분학을 독학으로 터득할 정도로 호기심과 탐구력이 넘쳤습니다.

대학에 가서도 이런 상황은 나아지지 않았습니다. 그에 관한 재미있는 일화가 있는데요, 헤르만 민코프스키(Hermann Minkowski) 교수가 대학생인 아인슈타인에게 지어 준 별명이 있었습니다. 참고로 민코프스키 교수는 나중에 아인슈타인 박사가 상대성 이론을 만드는 데 핵심적인 역할을 한 '민코프스키 공간(Minkowski Spacetime)'과 '민코프스키 부등식(Minkowski Inequality)', '민코프스키 합(Minkowski Sums)' 등 그의 이름을 딴 많은 수학적 개념이 있을 정도로 현대 수학계에 큰 영향을 끼친 위대한 수학자였습니다. 이러한 민코프스키 교수가 아인슈타인 박사에게 'lazy dog(게으른 개)'라는 별명을 지어 줬다고 합니다. 그가 수업에 열심히 참여하지 않았기 때문이죠.

하지만 민코프스키 교수가 그를 게으르다고 얘기한 것은 단면만 본 결과입니다. 사실 아인슈타인은 수학과 물리학을 좋아했습니다. 단지 당시 학교에서 가르치는 수학을 가르치는 '방식'을 싫어했던 것이죠. 수업에서 다루는 물리학 내용보다 자신이 관심 있는 분야를 독학으로 공부하는 것을 좋아했습니다. 또한 그는 특히 전자기학(electromagnetics)에 관심이 많았습니다. 대학 수업보다 독학으로 맥스웰의 전자기 이론(Maxwell's Electromagnetic Theory)을 공부하는 데 많은 시간을 할애했습니다. 이러한 그의 학문에 대한 열정과 긴 여정을 통해 그는 결국 인류 역사상 가장 위대한 과학자가 됐습니다.

'서연고 서성한 중경외시 동건홍 국숭광명 세가상 한서삼'

인터넷에 떠도는 대학교 서열입니다. 고등학생과 대학생들이 자신이 들어갈 학교, 또는 자신이 다니고 있는 학교를 줄 세우고 있습니다. 한 칸이라도 뒤로 밀리면 그 대학 재학생은 난리가 납니다. "우리 학교가 왜 여기냐? 앞의 대학보다 우리가 훨씬 더 좋다." 댓글로 이런 말싸움을 합니다. 이러한 행태는 모두 부모님 세대가 만든 학벌 지상주의의 결과입니다. 대학교 이름이 한 개인을 평가하는 행태가 대한민국에 절대적이었기 때문이죠.

한 개인을 평가하는 기준은 다양합니다. 게으른 사람, 착한 사람, 똑똑한 사람, 잘생긴 사람, 운동을 잘하는 사람……. 그러나 일반적으로 우리가 좋은 학생으로 평가하는 기준은 하나밖에 없는 것 같습니다. 공부를 잘하느냐, 즉 좋은 대학에 들어갔느냐의 여부죠. 한국의 교육 시스템은 기본적으로 인지적 능력을 기반으로 한 암기 위주의 평가 시스템에 기반합니다. 음악이나 체육은 대학 가는 데 중요하지 않기에 쓸모없는 과목이고, 수능 시험 필수 과목 선생님과 그렇지 않은 과목 선생님에 대한 학생의 시선은 달라지게 됩니다.

이러한 교육 시스템은 오로지 암기를 통한 지식 축적을 목적으로 하고 있기 때문에 암기 능력이 뛰어난 학생이 유리합니다. 결과적으로 학생의 잠재력을 제한하고, 개개인이 갖고 있는 재능을 개발할 수 없는 것이죠. 이러한 교육 환경에서는 여전히 아인슈타인 같은 학생은 문제아로 취급받고, 게으르고 무능한 학생으로 분류될 것입니다.

▶ 우리의 재능은 모두 다르다!

하버드 대학교 교육대학원 하워드 가드너(Howard Gardner) 교수는 교육 분야에서 전 세계적으로 가장 큰 영향력을 미치는 발달심리학과 인지과학 교육학자입니다. 그는 다중 지능 이론(Multiple Intelligences)을 소개하면서 대중에게도 널리 알려지기도 했습니다. 1983년 그의 저서에서 다중 지능 이론을 처음 소개한 이후, 그는 지능·학습·재능·창의·실천 등 우리의 마음(mind)과 교육을 접목한 연구를 통해 개인이 가진 잠재력을 극대화할 수 있는 방법을 제안하고 있습니다. 다중 지능 이론의 핵심은 사람의 지능이 하나로 구성된 것이 아니라 여러 가지 독립

가드너 박사의 다중 지능 이론(그림 29)

적인 지능으로 구성되어 있다는 것입니다. 그는 초기에 일곱 개의 지능을 제시했고, 나중에 여덟 번째 지능을 추가했는데, 지금도 다중 지능에 포함할 만한 후보 지능을 제안하고 있습니다.

그러면 구체적으로 어떤 지능이 있는지 살펴보겠습니다(Viens & Kallenbach, 2004). 먼저, 언어 지능(linguistic intelligence)입니다. 말과 글을 통해 자신을 표현하고 타인을 이해하는 능력을 말합니다. 자신의 생각을 정확하게 표현하고, 상황에 맞는 적절한 언어를 사용해서 효과적인 의사소통을 하고, 복잡한 개념을 쉽게 설명하며, 하나의 개념도 색다르게 보다 풍부한 표현을 하고, 외국어를 익히는 데 뛰어난 사람들은 언어 지능이 특히 발달했다고 할 수 있죠.

두 번째는 논리 수학 지능(logical-mathematical intelligence)입니다. 명제 간의 관계를 파악하고 개념을 형태화하며 추리를 하는 능력으로, 문제를 효과적으로 해결하고 수행하는 능력을 말합니다. 눈에 보이지 않는 개념이나 아이디어를 잘 다루거나, 정보 사이의 규칙성을 잘 판단하며, 주어진 정보를 바탕으로 합리적인 결론을 도출하고, 가설을 설정하고 검증하고, 숫자를 조작하고 논리적으로 추론하는 능력이 여기에 포함됩니다. 이것을 단순히 수학을 잘하는 능력으로만 생각하면 아주 작은 범위로 한정되기 때문에 더 넓은 범주로 이해해야 합니다.

세 번째는 공간 지능(spatial intelligence)입니다. 시각 세계를 잘 이해하고, 이해한 내용을 수정하고, 시각적 경험을 재창조할 수 있는 능력을 의미하죠. 한 번 본 장소나 사람을 잘 기억하고, 방향 감각이 뛰어나며, 마인드맵과 같은 추상화된 그리기를 잘 하고, 더 나아가 풍부한 상상력을 시각적으로 잘 구현하는 능력이 여기에 포함됩니다.

네 번째, 음악 지능(musical intelligence)은 음악적 패턴을 인식하고 표현하는 능력을 말합니다. 유튜브를 보면 피아노와 바이올린을 너무나 능숙하게 연주하는 어린아이들을 볼 수 있는데, 이러한 아이들이 특히 음악 지능이 뛰어나다고 볼 수 있죠.

다섯 번째는 신체 운동 지능(bodily-kinesthetic intelligence)입니다. 자신의 신체를 능숙하게 조절하고 사물을 다루는 능력을 말합니다. 달리기를 잘하는 사람은 달리기를 하는 데 필요한 근육과 호흡 등 자신이 가진 신체적 특징의 장점을 극대화한 것이고, 농구를 잘하는 사람은 여기에 더해서 농구공이라는 사물을 잘 다루는 것이죠. 그렇다고 신체 운동 지능을 운동 영역으로만 제한해서 이해하면 안 됩니다. 수술을 잘하는 외과의사나 보석 세공인, 목수, 시계 수리공 역시 도구를 잘 다루는 신체 운동 지능이 뛰어나다고 볼 수 있습니다.

여섯 번째는 인간 친화 지능(interpersonal intelligence)입니다. 타인의 감정·동기·의도를 이해하고 효과적으로 상호작용하는 능력을 의미합니다. 개인차를 인식하고 변별하며, 타인을 배려하고, 상대방의 얼굴이나 목소리, 몸짓 등을 보고 그의 감정을 세심하게 읽을 수 있으며, 그에 효과적으로 대응할 수 있는 능력입니다. 그리고 개인뿐만 아니라 집단의 문제 역시 원만하게 해결하는 능력도 포함됩니다.

일곱 번째는 자기 성찰 지능(intrapersonal intelligence)입니다. 자신을 이해하고 자신의 감정과 동기를 조절하는 능력을 의미하죠. 나중에 다시 설명하겠지만, 저는 이것이 생성형 AI 시대를 준비하는 첫 출발점이라고 생각합니다. 여러분이 어떤 학과에 지망하고 어떤 일을 하면 좋을지 고민할 때는, 내가 누구인지를 이해하는 것부터 시작해야 한다는 의미죠. 나는 내가 어떤 사람인지 알고 있을까요? 내가 무엇을 잘하는지, 무엇을 할 때 행복하고, 어떤 것을 싫어하는지 알고 있나요? 자기 성찰 지능은 자기 내면의 감정을 구별하고 복잡한 감정을 상징화할 수 있으며 자기를 조절하는 능력으로, 자신에 대한 정확한 이해와 조절, 그리고 이를 바탕으로 한 자기 관리 능력 등을 포함합니다.

여덟 번째인 자연 친화 지능(naturalistic intelligence)은 환경을 인식하고 분류하는 능력으로, 다양한 생물체와 주위 대상들의 특징을 파악하고 구별하는 능력, 동식물을 돌보고 기르는 능력, 유기체와 민감하게 상호작용할 수 있는 능력 등을 의미합니다. 날씨의 변화를 민감하게 파악하고, 비슷비슷하게 생긴 꽃을 구분할 수 있고, 새로운 환경에 금방 적응하는 능력 역시 모두 자연 친화 지능에 포함됩니다.

그리고 공식적으로 다중 지능에 포함시키지는 않았지만, 가드너 교수는 후보 지능으로 실존 지능(existential intelligence)을 고려하고 있습니다. 인간 존재의 근본적인 질문에 대해 깊이 생각하고 탐구하는 능력으로 우주, 인간 존재의 의미, 삶과 죽음 등에 대한 깊은 질문을 다루는 능력을 의미합니다. 논리 수학 지능이 구체적이고 측정 가능한 현실 세계를 다루는 체계적이고 분석적이며 객관적인 능력이라면, 실존 지능은 추상적이고 주관적이면서도 직관적인, 그리고 철학적인 통찰 능력을 의미합니다.

이러한 다양한 지능 영역은 개인이 특정 영역에서 더 높거나 낮은 성과나 능력을 가져오는 재능으로 드러나게 됩니다. 잠재력의 영역에 있는 지능이, 현실적으로 구현되는 것이죠. 따라서 이렇게 지능이 다양하게 구성되어 있다는 발상은 개인마다 다른 잠재성을 가진다는 것을 의미하고, 이는 잠재력에 맞는 교육 방식이 필요함을 역설하는 것입니다. 그렇다면 각각의 지능은 어떤 방식으로 개인의 재능으로 발현될까요?

▷ 손흥민이 피아노를 치고, 임윤찬이 축구를 한다면?

각 영역의 지능은 독립적이지만 서로 상호작용하며, 개인마다 이 지능들의 조합이 다르게 나타납니다. 다른 사람을 잘 설득하는 사람은 어떤 능력을 갖고 있는 것일까요? 기본적으로 언어 지능이 뛰어나겠죠. 단어의 의미를 정확히 이해하고 사용하며, 문법 규칙에 능통하고, 자신의 생각을 효과적으로 표현할 뿐만 아니라 다른 사람의 말을 정확히 이해하는 능력을 갖고 있을 테니까요. 또한 논리적으로 사고하고, 인과관계를 파악하며, 추상적인 개념을 잘 다루고, 정보를 체계적으로 조직할 테니 논리 수학 지능도 뛰어나겠죠. 인간 친화 지능도 뛰어나지 않을까요? 상대방의 감정과 표정, 몸짓과 같은 비언어적 신호를 판단하며, 내가 말하는 내용을 상대방이 제대로 이해하고 있는지 판단할 수 있을 테니까요. 그리고 이런 사람은 자신이 설명하는 방법이 제대로 된 것인지, 의사소통 방식이 적절했는지 등을 평가하고 고민하면서 더 좋은 방법을 찾으려고 할 테니 자기 성찰 지능도 뛰어날 것입니다.

실제 생활에서 우리가 맞닥뜨리는 대부분의 상황은 여러 지능을 동시에 사용하는 것을 요구합니다. 음악을 연주할 때는 음악 지능뿐만 아니라 악기라는 도구를 잘 다루는 신체 운동 지능, 청중의 감정 상태를 파악하는 인간 친화 지능 등을 함께 사용하는 식이죠. 그리고 중요한 것은 한 영역의 지능 발달이 다른 영역의 지능 발달에 영향을 준다는 것입니다. 상호 연관되어 있으니 당연한 결과겠죠. 따라서 가드너 교수는 지능을 이해할 때 여러 지능을 고려하는 통합적 접근을 해야 한다고 말합니다. 그리고 이러한 통합적 관점에서 각 개인은 그만의 독특한 조합을 가지고 있기 때문에, 이러한 개인차를 인식하고 존중해야 한다고 주장합니다. 다중 지능 이론이 전하는 핵심 가치는 학생 개개인이 갖고 있는 지능이 다름을 인정하고, 여러 지능을 통합적으로 발달시키며, 개인이 갖고 있는 잠재적 지능을 극대화해서 재능을 키워야 한다는 것입니다.

그런데 다중 지능 이론의 관점으로 현재의 교육 시스템을 보면, 언어 지능과 논리 수학 지능에 편중된 평가 시스템임을 어렵지 않게 파악할 수 있습니다. 국어, 영어, 수학 등 언어 지능과 논리 수학 지능 중심의 평가는 다른 영역의 재능을 가진 학생

● ● ● ● **PART 4**

들을 소외시킵니다. 수포자가 생기고, 학교 교육이 정상적으로 돌아가지 못하는 상황이 생기게 되는 거죠. 단순 암기와 문제 풀이 위주의 교육으로 인해, 실제 생활에서의 문제 해결 능력 향상이 어려워지고 자기 주도 학습을 못하게 되니, 대학생이 돼서도 여전히 부모님이 대학교 행정사무실에 전화해서, 해야 할 일을 파악하고 문제를 해결하는 상황이 발생됩니다.

'좋은 대학 진학 = 성공'이라는 등식이 사회 전반에 퍼져 있으니 학교에서는 창의적이고 다양한 수업을 할 수 없고, 지나친 경쟁 중심의 교육 환경으로 인해 협력과 공감 능력 발달이 어려워집니다. 오직 성적과 입시 결과만을 중요하게 여기고, 다양한 삶의 방식과 성공의 정의를 인정하지 않습니다. 대한민국에서 가장 큰 위기인 인구 감소, 즉 아이를 낳지 않는 이유를 저는 이러한 획일적인 성공 방정식과 과도한 경쟁의 결과라고 봅니다.

각각의 지능은 독립적이면서도 동시에 상호작용하면서 우리의 일상에 영향을 미칩니다. 다중 지능이 중요한 이유는 개인은 이 모든 지능을 갖고 있지만, 각자 강점을 가진 지능이 다르다는 점을 강조하기 때문입니다. 즉, 학생 개개인이 갖고 있는 재능이 모두 다르기 때문에 현재와 같이 획일적인 줄 세우기 식의 교육 시스템으로는 개인이 갖는 잠재력을 펼치기 힘들고, 좋은 대학에 가지 못하면 마치 인생에 실패하는 것처럼 인식하는 우리의 판단이 잘못된 것임을 보여 줍니다. 게다가 지금 우리가 맞이한 4차 산업혁명의 시대에는 이제까지 우리가 중요하게 생각했던 이러한 가치관이 송두리째 흔들릴 수 있는 발판이 생성형 AI에 의해서 마련되었습니다.

▷ 생성형 AI로 나의 잠재력 발견하기

이제까지 우리는 지능이 하나가 아닌 여러 개로 구성되어 있다는 것을 배웠습니다. 그렇다면 지능이 다양하게 존재한다는 것은 생성형 AI와 관련해서 우리에게 어떤 교훈을 줄까요?

우리의 교육 시스템은 일방적인 강의식 주입교육입니다. 개인차는 고려하지 않습니다. 현실적으로 개인차를 고려하는 교육 시스템은 불가능하지만, 그래도 35년 전 한 학급에 70여 명의 학생이 있었을 때와 지금처럼 20여 명의 학생이 있을 때의 교육 시스템은 달라야 합니다. 마찬가지로 생성형 AI의 기능과 특징을 고려한다면, 생성형 AI를 도입하기 전과 도입한 후의 교육 시스템은 달라져야 합니다. 이것은 단지 학습 방법의 전환을 의미하는 것은 아닙니다. 장기적으로는 교육 시스템 전반을 바꾸어야 합니다.

생성형 AI 기술의 적용은 개인차를 고려한 1:1 학습을 가능하게 합니다. 예를 들어 보겠습니다. 지금은 수학이든 영어든 문제집의 난이도는 기껏해야 상중하 세 단계로 만들어져 출판되고 있습니다. 난이도를 세분화할수록 각각의 책 구매자는 줄어들기 때문에 문제집을 출판하는 출판사의 입장에서는 적정한 수준으로 결정해야 합니다. 그런데 만일 문제집을 컴퓨터나 패드와 같은 디지털 기기에서 사용할 수 있다면 얘기는 달라집니다. 일단 다양한 난이도의 문제를 풀게 합니다. 그러면 문제를 풀수록 학생이 어느 정도의 수준인지 판단할 수 있게 되죠. 학생 수준에 가장 적절한 문제가 계속 제공될 것입니다. 그리고 이 난이도를 통과하면 다음 단계로 자연스럽게 넘어갈 수 있겠죠.

이때 생성형 AI는 훌륭한 개인 과외 선생님의 역할을 합니다. 문제를 풀다가 모르면 선생님께 질문을 하듯 생성형 AI에게 질문을 하면 되겠죠. 모르는 것을 물어볼 뿐만 아니라 토론을 할 수도 있습니다. 그러면 내가 생각하는 것 중 어느 것이 틀린 것이고, 틀린 것을 어떻게 수정해야 하는지 파악하고, 유사한 문제 등을 통해 학습을 할 수 있죠.

또한 다양한 개인화를 통한 흥미를 유발할 수도 있습니다. AI 선생님을 내가 좋아하는 스타일로 맞출 수도 있죠. 친절하고 다정하게 가르치는 선생님을 만들 수도 있고, 카리스마 넘치는 선생님을 만들 수도 있습니다. 글자뿐만 아니라 그림, 영상 등 다

양한 커뮤니케이션 수단을 활용해서 교육 목적을 달성할 수 있
죠. 학생이 갖고 있는 취향에 맞게 다양한 방식으로 설명을 제
공할 수 있습니다. 게임을 좋아하는 학생에게는 게임의 예를 통
해서 경제 문제를 설명할 수 있고, 아이돌 스타를 좋아하는 학
생에게는 이들을 통해서 그 언어권의 외국어 교육을 할 수도 있
습니다.

생성형 AI가 선생님의 업무를 보조하여 시간을 절약하게
도와준다면, 선생님은 더 많은 시간을 학생들에게 쏟을 수 있겠
죠. 아직까지 연구 결과로 나온 것은 아니지만, 이러한 과정을
통해 학생의 창의성은 억제되는 것이 아니라 오히려 증진될 것
이라는 예측을 할 수도 있습니다. 조금이라도 관심 있는 주제를
나에게 최적화된 선생님이 일일이 가르쳐 주고 토론할 수 있으
니, 이러한 과정에서 창의성이 더 증가된다고 생각할 수 있죠.

생성형 AI가 모든 것을 잘하는 것은 아닙니다. 기술 수준은
아직도 한계가 있고, 전적으로 의지하기에는 문제가 많습니다.
그러나 우리 사회가 생성형 AI에 관심을 갖는 것은 그 잠재력
때문입니다. 생성형 AI가 언제쯤이면 전적으로 신뢰할 만할 수
준의 기술을 갖게 될지 알 수는 없지만, AI 전문가들은 대체로
그 가능성을 높게 봅니다. 미래에는 더 좋아지겠지만, 지금 당장
활용할 수 있는 방법도 많습니다. 내가 좋아하는 관심사를 생성
형 AI와 함께 공부해 보는 것은 어떨까요?

생성형 AI 시대에도 핵심은 결국 나!

▷ 뽑기로 대학 진학을 결정하자

마이클 샌델 교수는 그의 책《공정하다는 착각》에서 뽑기로 대학 입시를 결정하자고 주장합니다(Sandel, 2020).《정의란 무엇인가?》라는 세계적 베스트셀러 책을 쓴 철학과 교수는 이런 방법이 공정하다고 주장합니다. 여러분의 생각은 어떤가요? 말도 안 된다고요? 이 주장에 대한 여러분의 생각은 잠시 후에 다시 얘기해 보기로 하죠.

성공 이야기를 해 볼까 합니다. 누구나 좋은 대학에 들어가면 성공한 것이라고 말합니다. 좋은 대학에 진학하면, 좋은 회사에 갈 확률이 높아지기 때문이죠. 성공의 정의는 모두 다르겠지만, 우리는 모두 성공하고 싶어 합니다. 더 적나라하게 말하면 돈을 많이 벌고 싶어 합니다. 여러분은 부자가 될 수 있을까요? 그렇다면 여러분이 부자가 되기 위해 가장 중요한 요인은 무엇일까요?

먼저, 언제 어디에서 태어났느냐에 따라 부자 여부가 결정될 수 있습니다. 여러분은 공감하기 어려울지도 모르지만, 우리는 한국에서 태어났다는 것만으로도 이미 전 세계에서 가장 잘 사는 상위 20%에 들어갑니다(김현철, 2023). 그런데 만일 우리가 1950년대에 태어났다면 어땠을까요? 1955년에 우리나라의 1인당 국민 총생산(GNP)은 65달러로 세계에서 가장 가난한 나라였습니다(이지헌 외, 2015). 여러분이 그때 태어났다면, 설령 부잣집 자식으로 태어난다고 해도 여전히 가난했겠죠. 물론 부는 상대적 가치이기 때문에 느끼는 감정은 당연히 다르므로 이를 절대시할 수는 없겠지만요.

그렇다면 오늘날 한국에서 태어난 우리들 중에 누구는 부자가 되고, 누구는 가난하게 되는 이유는 무엇일까요? 어떤 사람은 좋은 대학교를 가고, 남들이 모두 가고 싶어 하는 기업에 들어가는데, 어떤 사람은 그렇지 못할까요? 어떤 사람은 그림을 잘 그리고, 어떤 사람은 운동을 잘하는데, 왜 나는 그 어느 것 하나 잘하는 것이 없는 것처럼 느껴질까요?

우리는 성공과 실패의 원인을 대체로 본인의 무능력으로 돌

리곤 합니다. 그러나 많은 연구 결과에 따르면 성공은 이미 정해져 있다고 합니다(김현철, 2023). 앞서 언급했던 부자 이야기처럼, 우리의 소득을 결정짓는 요인 중에서 태어난 나라가 50%를 차지하고, 부모로부터 받은 유전자가 30%를 차지한다고 합니다. 즉, 이미 태어난 시점에서 소득이라는 개인 성취의 80%가 결정된다는 것입니다. 즉, 내가 노력해서 얻어진 결과가 아니라 그냥 주어진 것이니, '운'이 핵심 요인이라고 봐도 되겠습니다.

건강은 어떨까요? 69개국의 17개 암 종류에 대한 데이터를 분석한 연구에 따르면(Tomasetti, et al., 2017), 환경적 요인과 타고난 요인(유전적 요인, DNA 복제 과정에서의 무작위 오류)에 의한 암 발생 원인을 분석한 결과, 타고난 요인으로 암이 발생되는 비율이 폐는 35%, 췌장은 82%, 그리고 전립선은 100%라고 합니다. 영국 데이터를 기준으로 전체적으로 살펴보니, 타고난 것은 71%, 환경적 요인은 29%였습니다. 즉, 암에 걸리지 않기 위해서 내가 아무리 조심해도 유전적 요인과 DNA 문제 때문에 어쩔 수 없이 암에 걸릴 확률이 71%나 된다는 것입니다. 운이 없기 때문에 암에 걸렸다는 말이 적절하지 않을까요?

▷ 공부를 잘하는 것은 노력 때문이 아니다

열심히 공부하면 좋은 대학에 갈 수 있고, 좋은 회사에 갈 수 있을까요? "노력하면 성공할 수 있다."라는 믿음은 어디에서

왔을까요? 예를 들어 보겠습니다. 만일 누구든지 어려서부터 훌륭한 코치 아래서 매번 최선을 다해서 100미터 달리기 연습을 한다면 언젠가는 좋은 기록을 달성할 수 있을까요? 세계적인 물리학자에게 물리학을 배우고 몰입해서 물리학 공부를 한다면 우리 모두는 아인슈타인과 같은 물리학자가 될 수 있을까요? 더 구체적으로, 우리가 어려서부터 한 분야의 최고 전문가에게 도움을 받으면서, 매일 8시간씩 하루도 쉬지 않고 3년 동안 최선을 다해 연습한다면 그 분야에서 성공할 것이라고 예측할 수 있을까요?

노력하면 성공할 수 있다고 주장하는 연구자들은, 한 분야 최고의 선생님의 도움을 받으며 오랜 기간 동안 최선을 다해서 연습할 경우 누구든지 성공할 수 있다고 말합니다(Ericsson, et al., 1993). 예를 들어 손흥민 선수가 어려서부터 축구를 하지 않고 훌륭한 피아노 선생님의 가르침을 받으며 피아노 연습을 했다면, 축구에서 성공했듯이 피아노 분야에서도 세계적인 피아니스트가 될 수 있을 것이라고 주장하는 것이, 바로 "노력하면 성공할 수 있다."라고 주장하는 연구자들의 핵심 논리입니다.

그러나, 안타깝게도 많은 연구 결과에 따르면, 노력으로 달성할 수 있는 결과에는 한계가 있다고 합니다(김영훈, 2023; 김현철, 2023; Sandel, 2020). 그중에서 제가 가장 많이 참고하는 연구(Macnamara, et al., 2014)를 소개하겠습니다. 음악, 게임, 스

　　　　● ● ● ● **PART 4**

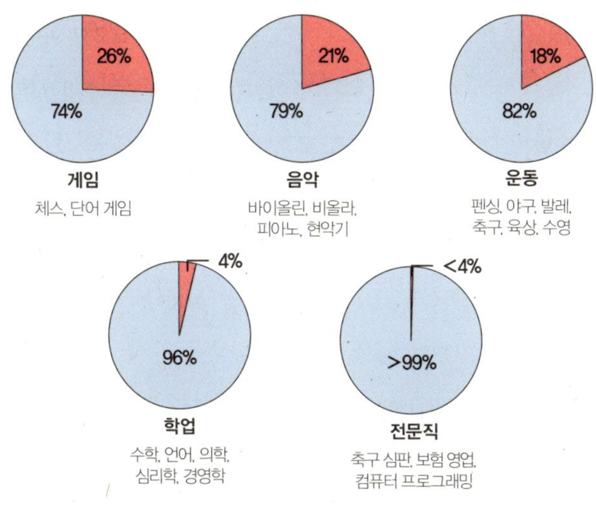

의도적 연습에 의해 설명되는 비율(진분홍색)과 설명되지 않는 비율(그림 30)

포츠, 교육, 전문직 등과 같이 전문성을 필요로 하는 일을 수행하는 데 최선을 다해 연습할 경우 좋은 성과를 낼 수 있을지, 아니면 노력 외에 다른 중요한 요인이 있을지 연구한 논문입니다. 다양한 분야를 대상으로, 총 11,135명이 참여한, 88개 연구를 분석한 이 논문은 다섯 개 분야에서 실제 수행 능력을 좌우하는 데 최선을 다한 노력이 얼마나 절대적인 역할을 했는지 분석한 결과를 발표했습니다.

먼저 체스와 같은 게임 분야는 노력의 역할이 26%였고, 바이올린·비올라·피아노·현악기와 같은 음악 분야는 노력의 역할이 21%였습니다. 펜싱·야구·발레·축구·육상 등과 같은 운동은 18%였고, 학업 분야는 단지 4%밖에 안 됐습니다. 축구 심판, 보험 영업 등과 같은 전문직은 1%도 안 돼서 통계적으로 설명하기 힘들었습니다. 한마디로 말해서, 게임·음악·운동·학업·전문직과 관련해서는 내가 아무리 노력해 봤자, 노력으로 해결되는 것은 100% 중에 4분의 1도 안 되는 것입니다.

"노력하면 돼. 잘 할 수 있어."라는 말, 믿을 수 있나요?

▶ 더 겸손하게 살아야 할 이유

앞의 연구 결과의 의미를 쉽게 설명해 보겠습니다. 만일 손흥민 선수가 "나는 죽어라 노력을 해서 지금과 같은 세계적 선수가 됐다."라고 말한다면, 이 말은 맞을 수도 틀릴 수도 있다는 의미입니다. 물론 노력을 하기는 했겠지만, 성공 요인 중에 노력이 차지하는 비율은 25%도 안 되기 때문이죠. 게다가 이 노력역시 모든 사람이 공평하게 가진 것이 아니라, 지능처럼 제각기 타고난 것이라면 노력의 의미는 더 반감되겠죠?

그렇다면 노력으로 설명되지 않는 나머지 74~99%는 무엇일까요? 이 연구에서 이러한 내용을 단언하지는 않았지만, 일반 지능(general intelligence)이나 특정 능력(specific abilities)과 같이 타고난 유전적 요소를 언급합니다. 가령 노력과는 별로 상관없는 작업 기억 능력(working memory capacity)이 특정 능력의 한 예입니다. 피아노 연습을 많이 한다고 해서, 새로운 곡의 악보를 외우는 것이 더 빨라지거나 오래 기억되지 않는다는 의미입니다. 즉, 공부를 잘하는 사람은 원래 기억력이 좋거나 계산 추리 능력이 좋은, 쉬운 말로 머리가 좋은 것이고, 임윤찬과 같은 피아니스트는 그냥 피아니스트로 타고났다는 말입니다.

게다가 우리가 살고 있는 사회는 경쟁이라는 조건도 존재합니다. 즉, 내가 아무리 열심히 한다고 하더라도, 나보다 더 잘하는 사람이 있을 수 있다는 것입니다. 정원이 30명인 어느 대학의 한 학과에 지원했는데 31등을 했다면, 30등과 실력 차이는 얼마 안 되지만, 탈락이라는 쓴 경험을 할 수밖에 없습니다. 31등을 했다고 해서 이 친구가 30등보다 정말 노력을 안 했던 것일까요?

이제까지 언급한 지능과 특정 능력, 그리고 부잣집에서 태어난 것 등은 모두 운입니다. 운 좋게 어떤 능력이 그리고 특정 환경이 주어진 거죠. 비록 노력의 효과도 분명히 존재하지만, 기본적으로 타고난 운이 결과를 좌우하는 핵심 요인입니다.

자, 이제 처음 여러분께 질문한 '뽑기로 대학 진학 결정하기'에 대한 이야기를 해 보겠습니다. 이제까지 우리는 한 개인이 특정 분야에서 성취를 하는 데 핵심 요인이 노력보다는 타고난 것, 즉 운이라는 것을 알았습니다. 공부를 잘하는 사람은 자신이 얼마나 노력했는지 말하곤 합니다. 그러나 우리는 이제 노력 외의 다른 것, 즉 운이 중요함을 잘 알고 있습니다. 서울대와 전국 의대 신입생 중 수도권 출신 신입생의 비율이 2019~2022년 4년 평균 각각 63.4%, 45.8%였습니다(김민제, 2023.05.09). 특히 강남구, 서초구, 송파구 등 강남 3구 출신 비율이 압도적으로 높았는데, 서울대 정시에서는 22.1%, 전국 의대 정시에서는 21.9%를 차지했습니다. 서울대와 전국 의대에 진학한 학생 중에서 강남 3구에 사는 학생이 20%를 넘는다는 것이, 정말 강남 3구에 사는 학생이 다른 지역에 사는 학생보다 노력을 더 많이 했기 때문일까요?

이러한 의미에서 정의와 공정을 오랫동안 연구해 온 샌델 교수는 수능 시험이 바로 '공정하다는 착각'의 대표적인 예라고 말합니다. 사람들이 노력의 결과로 생각한다는 것이죠. 그러나 사실 노력 뒤에 숨겨져 있는 것은 부모의 능력입니다. 부모의 재산이고, 부모로부터 받은 재능인 것이죠. 부자로 태어난 학생이 결국 수능 시험에서 높은 점수를 받고 좋은 대학에 가고, 해외에서 유학하면서 외국어에도 능통해지고 전문 지식을 쌓으면서, 온전히 미래를 준비하는 데 자신의 시간을 쏟으며 좋은 기업에 들어가서 많은 돈을 벌 수 있는 기회를 갖게 되는 거죠.

제 강의 중에 중간고사 시험과 기말고사 시험만으로 학점을 매기는 온라인 수업이 있는데, 학점에 대한 문의 겸 하소연을 담은 메일을 보내는 학생이 가끔씩 있습니다. "교수님, 저는 이번 수업을 위해서 정말 최선을 다했는데 왜 학점이 B+밖에 안되

 ● ● ● ● **PART 4**

죠? 출석도 100%고, 시험 공부도 정말 열심히 했어요. 다른 수업에서 하는 것보다 거의 두 배 이상 노력을 했어요." 이렇게 구구절절하게 메일을 보내죠. 저는 학생의 마음이 아프지 않게 매우 조심스럽게, 그리고 용기를 주는 답장을 보내곤 하는데, 사실 제가 보낸 답장의 핵심을 간단하게 요약하면 결국 앞에서 살펴본 연구 결과의 내용 그대로입니다.

"학생이 열심히 했겠지만, 학생보다 더 머리 좋은 학생이 똑같이 노력했기 때문에 그 학생들에게 뒤처졌을 것 같아요."

▶ 노래방론으로 재능 찾기, 그리고 생성형 AI로 준비하기

다중 지능 이론 연구자인 가드너 교수는 노력의 중요성에 대해서 타고난 지능의 역할과 개인차의 중요성, 그리고 생물학적 성향과 환경적 지원의 상호작용의 중요성을 강조합니다(Gardner, 1995). 쉽게 얘기해서 우리 모두는 각기 다른 지능을 갖고 있기에 개인마다 재능의 차이가 있고, 이러한 재능의 차이는 내가 타고난 것과 주어진 환경의 영향을 받는다는 의미입니다.

저는 《인공지능, 너 때는 말이야》에서 노래방론을 통해 AI 시대에 우리가 준비할 것은 무엇보다도 '자기 성찰'로부터 출발해야 한다고 주장했습니다. 내가 누구인지, 무엇을 좋아하는지, 무엇을 잘하고 못하는지 등

나와 관련된 것을 파악하지 않고 세상의 변화를 그저 따라가려고 한다면 분명한 한계에 부딪칠 겁니다.

노래방론에 대해서 간단히 소개하면, 일상의 의사결정 과정을 노래방에서의 곡 선택에 비유한 개념입니다. 우리는 제한된 자원 내에서 최고의 선택을 하기 위해 두 가지 핵심 요소를 고려해야 합니다. 먼저, '자기 성찰' 과정을 통해 개인의 선호도와 능력을 평가합니다. 이것은 노래방에서 자신이 좋아하면서도 잘 부를 수 있는 노래를 살펴보는 것과 같습니다. 그리고 외부 환경에 대한 이해입니다. 노래방에서 같이 있는 사람들, 당시 분

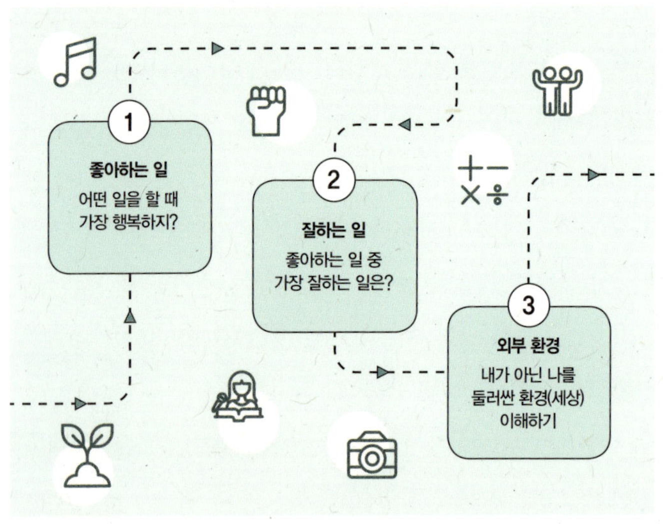

노래방론으로 재능을 찾아보세요. (그림 31)

위기 등 노래방 환경을 고려하는 것이 이에 해당하죠. 현재 세계적 흐름이 어떻게 되는지, 예를 들어 이 책에서 주장하는 것처럼 앞으로 생성형 AI에 기반한 산업 시스템의 혁신이 도래할 것이라는 예상을 한다면 나의 미래를 준비할 때 생성형 AI를 어떻게 활용하고, 어떤 역량을 키울 것인지 준비하는 것이죠.

이러한 두 축의 균형을 통해, 우리는 자신의 역량과 외부 환경을 조화롭게 고려한 최선의 선택을 도출해냅니다. 노래방론은 이처럼 일상의 의사결정 과정을 친숙한 상황에 빗대어 설명함으로써, 복잡한 선택의 메커니즘을 보다 쉽게 이해할 수 있게 해줍니다.

김영훈은 그의 책 《노력의 배신》에서 우리가 잘하는 일과 못하는 일 중 무엇에 더 집중해야 하는가에 대한 많은 연구 결과를 소개합니다. 미국인은 성공한 사건을, 동양인은 실패한 사건을 더 중요하게 생각한다는 점은 우리에게 많은 시사점을 줍니다. 우리는 늘 변해야 한다고 말하는데, 그에 비해 서양 사람은 사람이 변하는 것이 어렵고, 변할 필요도 없다고 생각합니다. 내가 변해야 한다는 말은, 있는 그대로의 현재의 나를 부정하는 것이기 때문입니다. 반면 세상에 대한 관점은 정반대입니다. 우리는 세상은 변하지 않기 때문에, 내가 노력해서 나를 바꿔서 성공하는 삶을 살아야 한다고 합니다. 그에 비해 서양 사람은 세상은 변할 수 있고, 변해야 한다고 생각합니다. 세상은 사람처럼 운으로 만들어지기보다, 사람들에 의해 만들어지는 것이라고 생각하기 때문입니다.

자, 이제 왜 생성형 AI 책의 마지막을 노래방론으로 마무리하는지 말씀드리면서 정리하겠습니다. 노래방론의 핵심은 다중지능 이론과 '성취 요인은 운'이라는 연구 결과들을 토대로, 자신의 고유한 재능을 발견하고 여기에 생성형 AI라는 새로운 환경을 접목하는 것입니다. 여기서 말하는 '운'은 복권 당첨과 같은 우연한 행운을 말하는 것이 아니라, 우리 각자가 타고난 고유한 재능을 의미합니다. 손흥민의 탁월한 축구 실력이나 임윤찬의 뛰어난 피아노 연주 능력은 순전히 노력으로만 이루어진 것이 아닙니다. 그들은 먼저 그러한 재능을 타고났고, 여기에 열정적인 노력이 더해져 세계적인 수준에 이르게 된 것이죠.

그렇다면 여러분은 어떤 운을 타고나셨나요? 다시 말해, 여러분만의 특별한 재능은 무엇일까요? 모든 사람은 저마다의 빛나는 재능을 품고 있습니다. 다만 아직 그것을 발견하지 못했을 뿐이죠. 그리고 그 재능을 발견하는 가장 쉬운 방법은 바로 자신이 진정으로 좋아하고 잘하는 것을 찾는 것입니다. 어떤 사람은 역사 속 이야기에 깊이 매료되고, 어떤 사람은 사람들 앞에서 이야기하는 것을 즐깁니다. 공간을 아름답게 꾸미는 데 재능이 있는 사람이 있는가

하면, 복잡한 것들을 체계적으로 정리하는 데 탁월한 사람도 있죠. 이렇게 좋아하는 일을 남다르게 잘한다면, 그것이 바로 여러분의 고유한 재능입니다.

제가 대학에서 오랫동안 학생들을 지켜보며 발견한 한 가지 흥미로운 사실이 있습니다. 입학 당시 학생들이 품었던 목표는 재학 중에 대부분 변화한다는 것입니다. 저는 그 핵심 원인이 '자기 성찰'의 부재에 있다고 봅니다. 그래서 모든 것의 시작은 '자기 성찰'이어야 합니다. 이것이 바로 노래방론의 첫 번째, 두 번째 단계가 의미하는 것입니다.

여기에 더해 자신을 둘러싼 세상을 이해하는 세 번째 단계가 필요합니다. 세상이 어떻게 돌아가고 있는지, 어떻게 변화하고 있는지 아는 것이 중요합니다. 이것이 바로 제가 이 책의 PART 2 '전 세계 경제 구조를 바꾸는 생성형 AI' 챕터에서 수많은 최신 보고서를 통해 생성형 AI가 기업에 미치는 영향을 상세히 다룬 이유입니다. 지금 이 시대는 분명 생성형 AI라는 혁신적 기술이 사회 변화를 이끄는 가장 강력한 동력입니다.

자신이 진정으로 좋아하고 잘하는 것을 찾았다면, 이제 그것에 생성형 AI를 접목해 보세요. 이것이 노래방론이 여러분께 제안하는 핵심입니다. 하지만 부디 생성형 AI가 중요하다고 해서 무조건 프로그래머가 되거나 소프트웨어 관련 업무를 해야 한다고 생각하지는 마세요. 생성형 AI는 결국 하나의 도구일 뿐입니다. 가장 중요한 것은 그 도구를 어떻게 활용하느냐인 것이죠.

저는 생성형 AI가 산업 구조를 바꾸고, 우리 사회 시스템을 변화시킬 것으로 생각합니다. 세상은 더욱 빠르게 변화할 것입니다. 우리나라는 특히 인구 감소와 경제 성장률 둔화 등 이제까지 경험하지 못한 위기에 맞닥뜨릴 것입니다. 동시에 생산성과 효율성을 극대화하는 AI와 로봇 등 새로운 기술이 우리 사회 곳곳에 스며들면서 생산 방식과 고용 구조, 임금 체계의 문제를 발생시킬 것입니다. 그러나 명심하십시오. 세상의 변화 한가운데에 여러분이 있고, 그 세상을 변화시키는 것은 여러분이라는 것을. 이 책을 통해 저는 여러분이 이 세상의 주인공으로 당당히 미래와 마주하여 여러분이 원하는 미래를 만들어 나가기를 기대합니다.

노력하면 다 할 수 있어! 정말?

"제가 이 자리까지 오게 된 이유는 정말 많은 노력을 했기 때문입니다. ……
잠도 안 자고, 늘 이 일만 생각했습니다. …… 최선을 다해서 살았습니다."

재능(운)과 노력에 관한 이야기를 듣고 보니 위와 같은 말에 대한 생각이 달
라졌나요? 아니면 여전히 노력의 중요성을 찾고 계신가요? 아마 이런 생각
을 할 수도 있을 거예요. "아무리 머리가 좋아도, 결국 최선의 노력을 했기 때
문에 성공한 것 아닐까요?" 예 그렇습니다. 아무리 머리가 좋아도, 노력을
안 했다면 성과를 달성할 수 없었겠죠. 그러나 노력하는 능력 역시 재능이라
면 어떨까요? 즉, 노력을 하기 싫어서 하지 않은 것이 아니라, 머리 좋은 사람
이 따로 있듯이, 노력을 하는 사람이 따로 있다는 것이죠. 이것을 '재능-노력
연관성(gene-environment correlation)'과 '재능-노력 상호작용(gene-
environment interaction)'으로 설명할 수 있습니다.

'재능-노력 연관성'은 재능이 있는 사람이 노력도 할 수 있다는 의미입니다.
내가 잘하는 것은 더 하고 싶지 않나요? 내가 다른 과목보다 역사를 잘하는
것은 이 주제에 대한 재능이 있는 것이고, 그러다 보니 다른 것에 비해 역사책
을 보고 탐방을 가는 노력을 더 하는 것이죠. 노력은 모든 사람에게 공평하게
주어지는 것이 아니라, 재능과 함께 그 양과 질이 결정된다는 의미입니다. 재
능이 있기 때문에 노력을 할 수 있다는 의미죠.

'재능-노력 상호작용'은 같은 노력을 하더라도 재능에 따라 결과가 달라진다
는 것을 의미합니다. 역사에 재능이 있는 사람과 그렇지 못한 사람이 똑같이

노력한다면, 결국 재능 있는 사람이 더 좋은 성과를 낸다는 의미입니다.

성취의 원인을 노력이 아닌 운으로 생각하면 겸손한 삶을 살게 됩니다. 내가 무언가를 잘하는 것도, 다른 사람이 무언가를 못하는 것도 모두 운 때문이니까요. 내 노력의 결과가 아니기 때문에 잘난 체할 필요도 없고, 다른 사람의 실패를 무능이나 게으름으로 생각할 수도 없습니다. 나는 다행히 운이 좋은 것이고, 그 사람은 운이 없는 것이니, 운 좋은 사람이 세상에 감사하면서 운이 없는 사람에게 조금 더 관대하고 겸손하게 살아야 하지 않을까요?

노력과 운에 관한 주제에 관심이 있는 독자에게 저는 다음 세 권의 책을 권합니다. 우리가 사는 세상이 더 아름다워질 수 있는 교훈을 전해 주는 정말 좋은 책입니다.

김영훈. 《노력의 배신》(2023). 21세기북스
김현철. 《경제학이 필요한 순간: 경제학은 어떻게 사람을 살리는가》(2023). 김영사
마이클 센델(Sandel, M.). 《공정하다는 착각: 능력주의는 모두에게 같은 기회를 제공하는가》(2020). 와이즈베리

참고 문헌

1   권수현 (2023.06.02). 미군 AI드론, 가상훈련서 조종자 살해…'임무에 방해된다' 판단.
〈연합뉴스〉.
https://www.yna.co.kr/view/AKR20230602125200009

2   Chandna, A. (2024.02.23). College Admissions Trends: AI, College Essays And
Going International. Forbes.
https://www.forbes.com/councils/forbesbusinesscouncil/2024/02/23/college-
admissions-trends-ai-college-essays-and-going-international/

3   Knox, L. (2024.02.21). Duke Stops Assigning Point Values to Essays, Test Scores.
Inside High ed.
https://www.insidehighered.com/news/quick-takes/2024/02/21/duke-stops-
assigning-numeric-values-essays-test-scores#:~:text=Duke%20University%20
is%20no%20longer,the%20latest%20round%20of%20applications

4   Zahra, M. (2024.10.11). AI Is Taking Over College Admissions. The Nation.
https://www.thenation.com/article/society/artificial-intelligence-chatgpt-college-
applications/

PART 1_사람과 대화하는 새로운 존재의 탄생

5   Ambridge, B., & Lieven, E. V. (2011). Child language acquisition: Contrasting
theoretical approaches. Cambridge University Press.

6   Fortune Business Insights (2022.11.03). Smartphone Market Size [2022-2029]
Exhibits 7.3% CAGR to Reach USD 792.51 Billion in 2029. Fortune Business
Insights.
https://www.globenewswire.com/en/news-release/2022/11/03/2547502/0/en/
Smartphone-Market-Size-2022-2029-Exhibits-7-3-CAGR-to-Reach-USD-792-
51-Billion-in-2029.html

7   Market.US (2024.10). Smartphone Market. Market.US.
https://market.us/report/smartphone-market/

8   Ouyang, L., Wu, J., Jiang, X., Almeida, D., Wainwright, C., Mishkin, P., Zhang, C.,
Agarwal, S., Slama, K., Ray, A., Schulman, J., Hilton, J., Kelton, F., Miller, L., Simens,
M., Askelly, A., Welinder, P., Christiano, P., Leike, J. & Lowe, R. (2022). Training
language models to follow instructions with human feedback. Advances in Neural
Information Processing Systems, 35, 27730-27744.
https://doi.org/10.48550/arXiv.2203.02155

9   Pequeño IV, A. (2024.10.2). OpenAI valued at $157 billion after closing $6.6 billion funding round. Forbes.
https://www.forbes.com/sites/antoniopequenoiv/2024/10/02/openai-valued-at-157-billion-after-closing-66-billion-funding-round/

10   Perrigo, B. (2023.01.18). Exclusive: OpenAI Used Kenyan Workers on Less Than $2 Per Hour to Make ChatGPT Less Toxic. Time.
https://time.com/6247678/openai-chatgpt-kenya-workers/

11   Rigano, C. (2019). Using artificial intelligence to address criminal justice needs. National Institute of Justice Journal, 280, 17-26

12   Rozado, D. (2023). The Political Biases of ChatGPT. Social Sciences, 12(3), 148-155.
https://doi.org/10.3390/socsci12030148

13   Saeed, A. (2023.03.22). ChatGPT4: The Latest Advancement in AI Technology. Medium.
https://medium.com/geekculture/chatgpt4-the-latest-advancement-in-ai-technology-bbe5a43b85a2

14   Shumailov, I., Shumaylov, Z., Zhao, Y., Papernot, N., Anderson, R., & Gal, Y. (2024). AI models collapse when trained on recursively generated data. Nature, 631, 755-759.
https://doi.org/10.1038/s41586-024-07566-y

15   Turing, A. M. (1950). Computing Machinery and Intelligence. Mind, 236, 433-460.
https://doi.org/10.1093/mind/LIX.236.433

16   Vaswani, A., Shazeer, N., Parmar, N., Uszkoreit, J., Jones, L., Gomez, A. N., Kaiser, L. & Polosukhin, I. (2017). Attention is all you need. 31st Conference on Neural Information Processing Systems (NIPS 2017), Long Beach, CA, USA.

PART 2_ 드디어 시작된 4차 산업혁명

17   조운 (2023.06.24). 검사량 폭증에 영상의학과 '번아웃' 심각. 〈메디게이트 뉴스〉.
https://medigatenews.com/news/2623890477

18   Crafts, N. (2004). Steam as a general purpose technology: A growth accounting perspective. The Economic Journal, 114(495), 338-351.

19   Dell'Acqua, F., McFowland, E. III, Mollick, E., Lifshitz-Assaf, H., Kellogg, K. C., Rajendran, S., Krayer, L., Candelon, F., & Lakhani, K. R. (2023). Navigating the jagged technological frontier: Field experimental evidence of the effects of AI on knowledge worker productivity and quality. Working Paper, (24-013). Harvard Business School.

20 Eloundou, T., Manning, S., Mishkin, P., & Rock, D. (2023). Gpts are gpts: An early look at the labor market impact potential of large language models. arXiv preprint arXiv:2303.10130.

21 Goldman Sachs. (2023). The potentially large effects of artificial intelligence on economic growth. Goldman Sachs Global Investment Research. https://www.nytimes.com/2023/05/05/us/politics/ai-military-war-nuclear-weapons-russia-china.html

22 Gordon, R. J. (2000). Does the "new economy" measure up to the great inventions of the past? Journal of Economic Perspectives, 14(4), 49-74.

23 John Deere. (2021). John Deere reveals fully autonomous tractor at CES 2022. https://www.deere.com/en/news/all-news/autonomous-tractor-reveal/

24 Jung, C., & Srinivasa Desikan, B. (2024). Transformed by AI: How generative artificial intelligence could affect work in the UK – and how to manage it. Institute for Public Policy Research. http://www.ippr.org/articles/transformed-by-ai

25 McKinsey & Company. (2024.05). The state of AI in early 2024: Gen AI adoption spikes and starts to generate value. McKinsey Global Institute.

26 Microsoft (2023.05.09) Will AI Fix Work? 2023 Work Trend Index: Annual Report. Microsoft

27 Microsoft (2024.05.08) AI at Work Is Here. Now Comes the Hard Part. 2024 Work Trend Index: Annual Report. Microsoft

28 Ng, A. (2023.09.12). How to be an innovator. MIT Technology Review. https://www.technologyreview.com/2023/09/12/1078367/andrew-ng-innovator-ai/

29 Ogburn, W. F. (1957). Cultural lag as theory. Sociology & Social Research, 41, 167-174

30 Searle, J. R. (1980). Minds, brains, and programs. Behavioral and brain sciences, 3(3), 417-424.

31 World Economic Forum. (2023). Future of Jobs Report 2023. World Economic Forum.

PART 3_ 죽어라 뛰어야만 그나마 제자리, 붉은 여왕 가설

32 김민석 (2023.02.27). GPU 1만개로 만든 그 답변… 수천 가구가 쓸 전력 삼켰다. 〈서울신문〉. https://www.seoul.co.kr/news/newsView.php?id=20230227002002

33 박상아 (2023). AI 시민성 교육의 내용 요소에 관한 연구 – AI 윤리 가이드라인을 중심으로. 〈인공지능윤리연구〉, 2권 2호, 114-150.

34 안갑성 (2024.09.20). "개발자 필요없어요" 한때 귀하신 몸, 이젠 재취업도 막막…누가
    대체하길래. 〈매일경제〉.
    https://www.mk.co.kr/news/world/11120521

35 Alvarez, G. (2024.10.21). Gartner Top 10 Strategic Technology Trends for 2025.
    Gartner. https://www.gartner.com/en/articles/top-technology-trends-2025

36 Criddle, C., & Murgia, M. (2023.03.29). Big tech companies cut AI ethics staff,
    raising safety concerns. Financial Times.
    https://www.ft.com/content/26372287-6fb3-457b-9e9c-f722027f36b3

37 Grant, N., & Weise, K. (2023.04.11). In A.I. Race, Microsoft and Google Choose
    Speed Over Caution. The New York Times.
    https://www.nytimes.com/2023/04/07/technology/ai-chatbots-google-microsoft.
    html

38 Kymlicka, W., & Norman, W. (1994). Return of the citizen: A survey of recent work
    on citizenship theory. Ethics, 104(2), 352-381.

39 Latour, B. (2005). Reassembling the social: An introduction to actor-network-
    theory. Oxford University Press.

40 Law, J. (1992). Notes on the theory of the actor-network: Ordering, strategy, and
    heterogeneity. Systems Practice, 5(4), 379-393.

41 Lee, K., Firat, O., Agarwal, A., Fannjiang, C., & Sussillo, D. (2018). Hallucinations in
    neural machine translation. Paper presented at the ICLR 2019 Conference. New
    Orleans, Louisiana, United States

42 Long, D., & Magerko, B. (2020). What is AI literacy? Competencies and design
    considerations. In Proceedings of the 2020 CHI conference on human factors in
    computing systems (pp. 1-16).

43 Metz, C. (2023.05.03). The Godfather of A.I. Leaves Google and Warns of Danger
    Ahead. The New York Times.
    https://www.nytimes.com/2023/05/01/technology/ai-google-chatbot-engineer-
    quits-hinton.html

44 Patterson, D., Gonzalez, J., Le, Q., Liang, C., Munguia, L. M., Rothchild, D., So, D.,
    Texier, M., & Dean, J. (2021). Carbon emissions and large neural network training.
    arXiv preprint arXiv:2104.10350.

45 Rohracher, H. (2015). Science and technology studies, history of. In J. D. Wright
    (Ed.), International encyclopedia of the social & behavioral sciences (second
    edition) (pp. 200-205). Oxford: Elsevier. doi:10.1016/B978-0-08-097086-
    8.03064-6

46 Ryan, M. J., Held, W., & Yang, D. (2024). Unintended impacts of LLM alignment on
    global representation. arXiv preprint arXiv:2402.15018

47 Sanger, D. E. (2023.05.05). The next fear on A.I.: Hollywood's killer robots become the military's tools. The New York Times. https://www.nytimes.com/2023/05/05/us/politics/ai-military-war-nuclear-weapons-russia-china.html

48 Saul, J., & Bass, D. (2023.03.09). Artificial Intelligence Is Booming—So Is Its Carbon Footprint. Bloomberg. https://www.bloomberg.com/news/articles/2023-03-09/how-much-energy-do-ai-and-chatgpt-use-no-one-knows-for-sure#xj4y7vzkg

49 UNESCO (2021). Recommendation on the ethics of artificial intelligence. UNESCO.

50 United Nations Human Rights Council (2024.04.05). A "big victory" for intersex people and their rights. United Nations Human Rights Council. https://www.ohchr.org/en/stories/2024/04/big-victory-intersex-people-and-their-rights

51 Van Valen, L. (1973). A new evolutionary law. Evolutionary Theory, 1, 1-30.

52 Vincent, B. (2023.05.03). Pentagon CIO and CDAO: Don't pause generative AI development. Defense Scoop. https://defensescoop.com/2023/05/03/pentagon-cio-and-cdao-dont-pause-generative-ai-development-accelerate-tools-to-detect-threats/

PART 4_ 하면 된다 vs. 되면 한다

53 이지헌, 김동호, 박초롱, 차지연 (2015.011.01). 광복 70년. 세계 최빈국서 1인당 GDP 3만弗을 향해. 〈연합뉴스〉. https://www.yna.co.kr/view/AKR20141225026200002

54 교육부(2015). 초·중등학교 교육과정 총론(교육부 고시 제2015-74호). https://www.ncic.go.kr/mobile.dwn.ogf.inventoryList.do#

55 김민제 (2023.05.09). 의대·서울대 신입생 5명 중 1명은 '강남 3구'…수도권 쏠림 심화. 〈한겨레신문〉. https://www.hani.co.kr/arti/society/schooling/1091081.html

56 김영훈(2023). 〈노력의 배신〉. 21세기북스

57 김현철(2023). 〈경제학이 필요한 순간: 경제학은 어떻게 사람을 살리는가〉. 김영사

58 Bloom, B. S. (1984). The 2 sigma problem: The search for methods of group instruction as effective as one-to-one tutoring. Educational researcher, 13(6), 4-16.

59 Ellington, A. J. (2003). A meta-analysis of the effects of calculators on students' achievement and attitude levels in precollege mathematics classes. Journal for Research in Mathematics Education, 34(5), 433-463.

60 Ericsson, K. A., Krampe, R. T., & Tesch-Römer, C. (1993). The role of deliberate practice in the acquisition of expert performance. Psychological Review, 100(3), 363.

61 Gardner, H. (1995). Why would anyone become an expert? American Psychologist, 50(9), 802-803. DOI:10.1037/0003-066X.50.9.802

62 Macnamara, B. N., Hambrick, D. Z., & Oswald, F. L. (2014). Deliberate practice and performance in music, games, sports, education, and professions: A meta-analysis. Psychological Science, 25(8), 1608-1618.

63 Mamola, K. (2005). Einstein in the classroom. The Physics Teacher, 43(8), 502-506.
https://doi.org/10.1119/1.2120369

64 Pendelton, D. (1975). Calculators in the classroom. Science News, 107, 175-181.

65 Sandel, M. (2020). The tyranny of merit: What's become of the common good? 함규진(역) (2020). 〈공정하다는 착각: 능력주의는 모두에게 같은 기회를 제공하는가〉. 와이즈베리

66 Tomasetti, C., Li, L., & Vogelstein, B. (2017). Stem cell divisions, somatic mutations, cancer etiology, and cancer prevention. Science, 355(6331), 1330-1334.

67 Viens, J., & Kallenbach, S. (2004). Multiple intelligences and adult literacy: A sourcebook for practitioners. 문용린 (역) (2007). 〈다중지능〉. 웅진지식하우스.

그림

1   셔터스톡 shutterstock_ No.2238225905

2   자체 제작

3   https://www.nvidia.com/en-us/

4   https://www.uber.com/kr/en/

5   자체 제작

6   Goyal, A. (2018). Learning a Multiview Weighted Majority Vote Classifier: Using PAC-Bayesian Theory and Boosting (Doctoral dissertation, Université de Lyon).

7   자체 제작(미드저니로 제작)

8   자체 제작

9   셔터스톡 shutterstock_ No.2417760359

10   자체 제작

11   자체 제작

12   자체 제작(미드저니로 제작)

13   셔터스톡 shutterstock_ No.2494821477

14   자체 제작

15   셔터스톡 shutterstock_ No.2435015503

16   셔터스톡 shutterstock_ No.2147769977

17   자체 제작

18   https://www.soulmachines.com/

19   셔터스톡 shutterstock_ No.2189806311, shutterstock_ No.2021969120

20   자체 제작(미드저니로 제작)

21   셔터스톡 shutterstock_ No.2257622017

22   https://www.nytimes.com/2023/05/01/technology/ai-google-chatbot-engineer-quits-hinton.html?searchResultPosition=19

23   셔터스톡 shutterstock_ No.2082708607

24   셔터스톡 shutterstock_ No.2544484137

25   셔터스톡 shutterstock_ No.1025719279

26   자체 제작

27   셔터스톡 shutterstock_ No.2218507643

28 자체 제작

29 자체 제작

30 자체 제작

31 자체 제작

표

1 자체 제작(Claude AI와 협업을 통해 정리)

2 자체 제작(Claude AI와 협업을 통해 정리)

3 자체 제작

4 자체 제작

5 Russell and Norvig(2016)

6 자체 제작

7 자체 제작

8 자체 제작

9 자체 제작

10 자체 제작

11 자체 제작

12 자체 제작

13 자체 제작